Steuerungstechnik für Maschinenbauer

Von Prof. Dr.-Ing. Berend Brouër
Fachhochschule Hamburg

Mit 170 Bildern

B. G. Teubner Stuttgart 1995

Die Deutsche Bibliothek – CIP-Einheitsaufnahme

Brouër, Berend:
Steuerungstechnik für Maschinenbauer / von Berend Brouër.–
Stuttgart : Teubner, 1995

ISBN 978-3-519-06347-6 ISBN 978-3-322-87192-3 (eBook)
DOI 10.1007/978-3-322-87192-3

Gesamtherstellung: Präzis-Druck GmbH, Karlsruhe

Vorwort

Brauchen wir die Steuerungs- und Regelungstechnik überhaupt noch? Gibt es nicht schon genug Arbeitslose? Wäre es nicht viel besser, den Menschen wieder mehr in den Produktionsprozeß einzubeziehen?

Also weniger Automatik - dafür mehr Arbeit für den Menschen?

Fragen dieser Art sind nicht ohne Reiz. Dennoch, jeder weiß, daß man die industrielle Entwicklung der letzten Jahrzehnte nicht ungestraft zurückschrauben kann. Dies würde sich katastrophal auf die Volkswirtschaften auswirken.
Die hohe Bevölkerungsdichte in Mitteleuropa braucht eine vielseitige und leistungsfähige Industrieproduktion. Sie kann nicht allein von Dienstleistungen leben!

Das Gebot, Material und Energie zu sparen und die Umwelt zu schonen, kann nur durch weitere Anstrengungen und zusammen mit der Technik erfüllt werden. Ohne Messen, Steuern und Regeln können wir die Probleme nicht lösen.

Es geht dabei nicht um mehr Technik, es geht um mehr intelligente Technik!

Die modernen Verfahren der Steuerungstechnik bedeuten für den "klassischen" Maschinenbauer eine Herausforderung. Er wird sie dann am besten bestehen, wenn er weniger "klassisch" arbeitet und dafür mehr "Klasse" zeigt. Ohne Elektronik, ohne Computereinsatz gibt es keine moderne Steuerungstechnik!
Das vorliegende Buch will helfen, ein Stück dieses Weges weiterzugehen.

Dem Verlag B. G. Teubner bin ich dankbar für die geschmackvolle Gestaltung des Einbandes, die schnelle Herstellung und die gewohnte freundliche Betreuung.

Hamburg, im Februar 1995 Berend Brouër

Inhaltsverzeichnis

1 Die Steuerkette

Wer im Straßenverkehr ein Fahrzeug führt, ist ein "Steuermann".

Ganz gleich, ob er Autofahrer ist, oder mit dem Motorrad oder Fahrrad fährt, er muß laufend logische Entscheidungen fällen und entsprechend den daraus abgeleiteten Ergebnissen auf sein Fahrzeug einwirken.

Springt die Ampel auf "grün" und setzt sich sein Vordermann in Bewegung, so muß auch er losfahren. Bleibt der Vordermann dagegen trotz der grünen Ampel stehen, so darf er nicht losfahren. Vielmehr tut er gut daran, den anderen Verkehrsteilnehmer durch Signalgeben auf das Fehlverhalten aufmerksam zu machen.
Zeigt die Ampel "rot" an und der Vordermann fährt trotzdem weiter, so darf er auf keinen Fall fahren sondern muß sein Fahrzeug auf kürzestem Wege zum Halten bringen.
Ist die Straße frei und befindet sich der Verkehrsteilnehmer außerhalb einer geschlossenen Ortschaft, so wird er sein Fahrzeug beschleunigen. Fährt er innerhalb der Ortschaft oder läßt der Straßenbelag kein zügiges Fahren zu, so ist er zu einer entsprechend langsameren Fahrweise gezwungen.
In allen geschilderten Fällen handelt es sich um das Steuern des Fahrzeuges.

Der Verkehrsteilnehmer steuert aber sein Fahrzeug nicht nur, er regelt es auch.
Zum Beispiel regelt der Fahrer den Kurs seines Fahrzeuges dadurch, daß er fortlaufend die Fahrzeugposition relativ zum Straßenverlauf beobachtet und bei einer Abweichung entsprechende korrigierende Lenkbewegungen einleitet.

Für Regelkreise [1] trifft die Definition der Regelung zu, wie sie in der Norm DIN 19266, Teil 4 festgelegt ist:

"Die Regelung ist ein Vorgang, bei dem eine Größe, die Regelgröße, fortlaufend erfaßt, mit einer anderen Größe, der Führungsgröße, verglichen und im Sinne einer Angleichung an die Führungsgröße beeinflußt wird. Der sich dabei ergebende geschlossene Wirkungsablauf findet in einem geschlossenen Kreis, dem Regelkreis statt."

Die Steuerung dagegen wird in der Norm DIN 19226 wie folgt definiert: *"Das Steuern ist der Vorgang in einem System, bei dem eine oder mehrere Größen als Eingangsgrößen andere Größen als Ausgangsgrößen aufgrund der dem System eigentümlichen Gesetzmäßigkeit beeinflussen. Kennzeichnend für das Steuern ist der offene Wirkungsweg."*

Im Gegensatz zur Regelung, die durch den *geschlossenen Regelkreis* gekennzeichnet ist, hat man es bei der Steuerung mit der *offenen Steuerkette* zu tun.

Bild 1.1 zeigt die Kettenstruktur der Steuerung und die Kreisstruktur der Regelung.

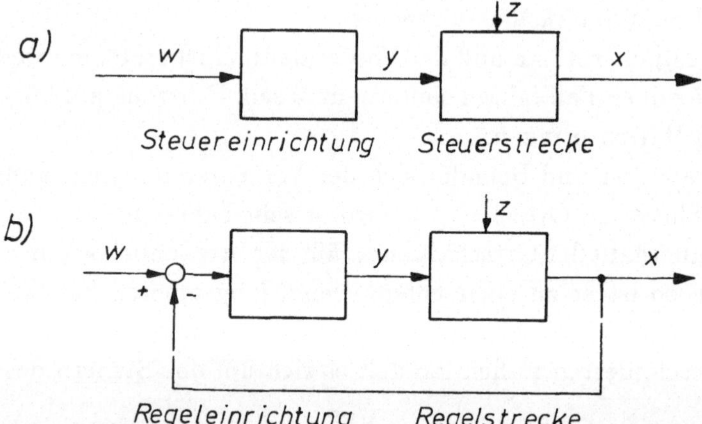

Bild 1.1 Steuerkette a und Regelkreis b

Die Verhältnisse beim Steuern des Kraftfahrzeuges stellt *Bild 1.2* dar. Wir betrachten ein System, bei dem der Fahrzeugführer die Steuereinrichtung bildet und das Fahrzeug die Steuerstrecke darstellt.
Der Fahrzeugführer nimmt die Zustände der <u>Eingangsgrößen</u> wahr.
Diese sind zum Beispiel:
- *Ampelstellung, Verhalten des Vordermanns, Straßenzustand usw..*

Aus der Kombination dieser Informationen fällt er die Entscheidung, mit welchen <u>Stellgrößen</u> das Fahrzeug zu beeinflussen ist:
- *Starten, Gasgeben, Lenken, Bremsen usw..*

Das Fahrzeug reagiert auf diese Stelleingriffe mit den <u>Ausgangsgrößen</u>:
- *Fahrzustand, Geschwindigkeitsänderung, Kursabweichung usw..*

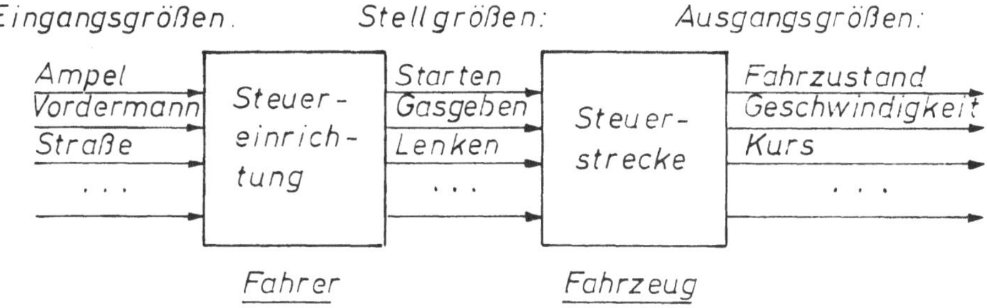

Bild 1.2 Steuerung eines Kraftfahrzeuges

1.1 Informationsübertragung durch Signale

Ein wichtiges Merkmal der Steuerungs- und Regelungstechnik ist die Weitergabe von Information innerhalb des Systems.

Dies geschieht durch physikalische Größen, die, wenn sie Information tragen, Signale genannt werden.

Das Signal benötigt einen Parameter, der imstande ist, Information aufzunehmen, er ist der Informationsparameter.

Als Beispiel sei die Messung einer Temperatur mit einem Widerstandsthermometer, *Bild 1.3* , angeführt:

Der Meßwiderstand R_ϑ ändert seinen Wert mit der Temperatur ϑ . Die von R_ϑ abhängige Spannung u_ϑ ist das Signal für die zu messende Temperatur. Der Wert dieser Spannung, in Volt, ist der Informationsparameter.

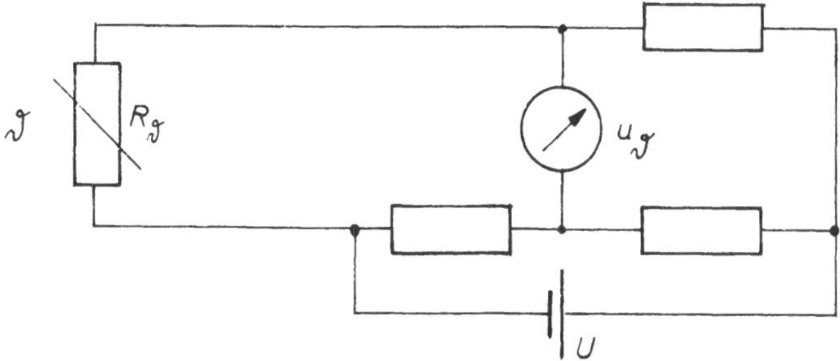

Bild 1.3 Messung einer Temperatur mit einem Widerstandsthermometer

1.1.1 Analoges Signal

Man nennt ein Signal analog, wenn dem kontinuierlichen Werteverlauf seines Informationsparameters Punkt für Punkt unterschiedliche Information zugeordnet ist.

Bei der Temperaturmessung in *Bild 1.3* ist die abgegriffene elektrische Spannung u_ϑ ein analoges Signal für die zu messende Temperatur ϑ, weil sie für jeden Temperaturwert Punkt für Punkt einen entsprechenden Spannungswert liefert.

Wie eng die Punkte beieinander liegen können, ist davon abhängig, welche Auflösung die Meßeinrichtung besitzt.

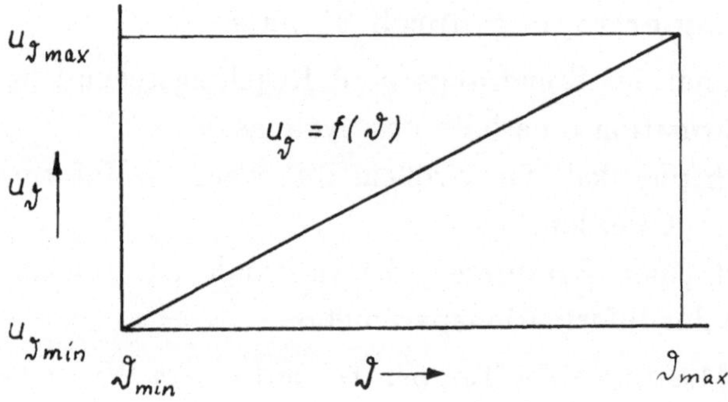

Bild 1.4 Analoges Signal

1.1.2 Binäres Signal

Das binäre Signal besitzt zwei Wertebereiche des Informationsparameters.

Die beiden Bereiche werden mit "wahr" oder "falsch", "1" oder "0" bezeichnet.

Eine Lichtschranke, *Bild 1.5*, wie sie zum Zählen bewegter Objekte, z.B. Pakete verwendet wird, ist ein Beispiel für die Anwendung des binären Signals.

Wird die Lichtschranke durch ein vorüberziehendes Objekt verdunkelt, so gibt sie das Signal "0" ab, wird das Licht ungestört durchgelassen, so wird das Signal "1" abgegeben.

Der Informationsparameter ist hier eine elektrische Gleichspannung, die nur in den beiden Wertebereichen " $\sim 0\ V$" und " $\sim 5\ V$" definiert ist.

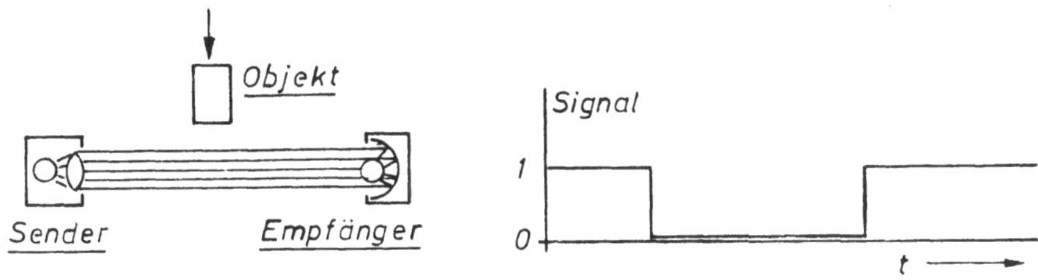

Bild 1.5 Binäres Signal einer Lichtschranke

1.1.3 Digitales Signal

Ein digitales Signal ist ein Signal mit einer endlichen Zahl von Wertebereichen des Informationsparameters. Jedem Wertebereich ist eine bestimmte Information zugeordnet.
Als Beispiel sei ein absoluter Winkelgeber betrachtet, *Bild 1.6*.
Der Winkelgeber möge 4 Spuren besitzen, die mit ihren hell-dunkel Feldern insgesamt 16 verschiedene Wertebereiche darstellen können. Pro Umdrehung werden auf diese Weise 16 Winkelschritte von je 22,5° angezeigt. Zu jedem Winkelschritt gehört ein eindeutiges Muster, das sich aus den vier parallelen Spuren zusammensetzt. Im Bild sind die Spuren in der Abwicklung dargestellt.

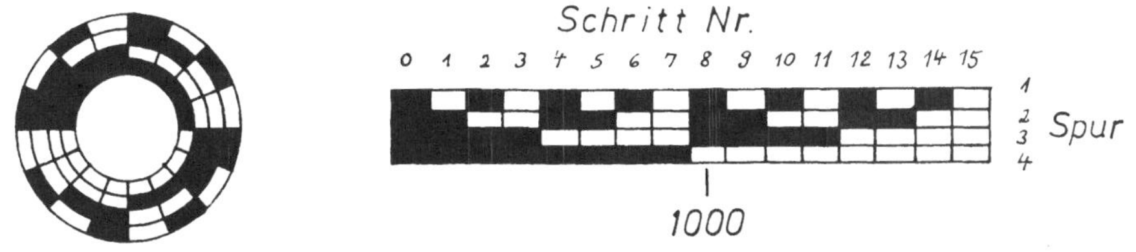

Bild 1.6 Digitales Signal eines absoluten 4-Bit-Winkelgebers

Für den Schritt Nr. 8 gilt:
Spur 1 "dunkel", Spur 2 "dunkel", Spur 3 "dunkel", Spur 4 "hell". Wird der Zustand "dunkel" mit logisch "0" und der Zustand "hell" mit logisch "1" bezeichnet, so ist der Schritt 8 durch das digitale Signal " 1000 " gegeben.

1.2 Einteilung der Steuerungen nach der Art der verarbeiteten Signale

Nach der Art der Ein- und Ausgangsgrößen lassen sich die Steuerungen einteilen in analoge, binäre und digitale Steuersysteme.

In *Bild 1.7* wird die Beleuchtungsstärke einer Lampe mit Hilfe eines Schiebewiderstandes gesteuert. Hier handelt es sich um eine Steuerung mit analogen Signalen, also eine analoge Steuerung.

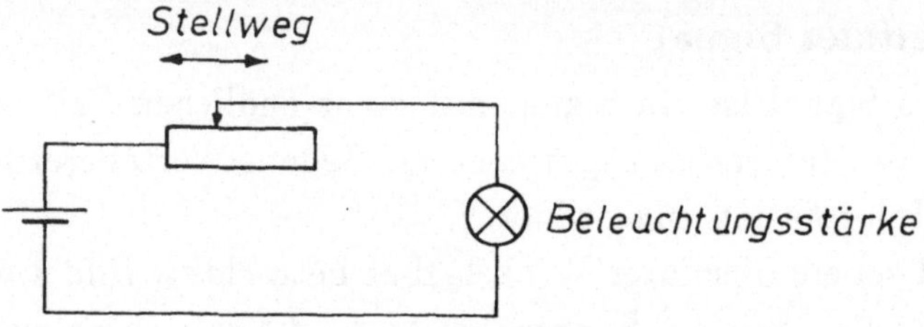

Bild 1.7 Analoge Steuerung

Bei der in *Bild 1.8* gezeigten Anordnung wird die Lampe lediglich ein- bzw. ausgeschaltet. Es sind daher nur zwei Wertebereiche des Informationsparameters definiert. Es handelt sich um eine Steuerung mit binären Signalen, also eine binäre Steuerung.

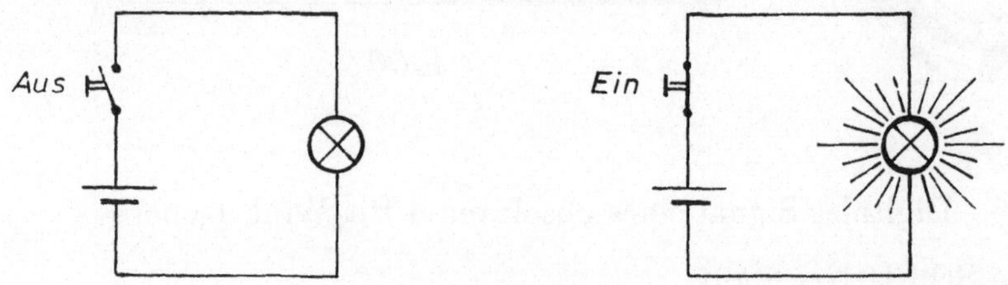

Bild 1.8 Binäre Steuerung

Ein Heißluftgebläse mit vier dual gestuften Heizelementen:
375 W , 700 W, 1500 W und 3000 W , *Bild 1.9*, stellt eine digitale Steuerung mit einem 4-Bit-Steuersignal dar.
16 Heizstufen sind steuerbar:
0 W, 375 W, 750 W, 1125 W, 1500 W, usw. bis maximal 5625 W.

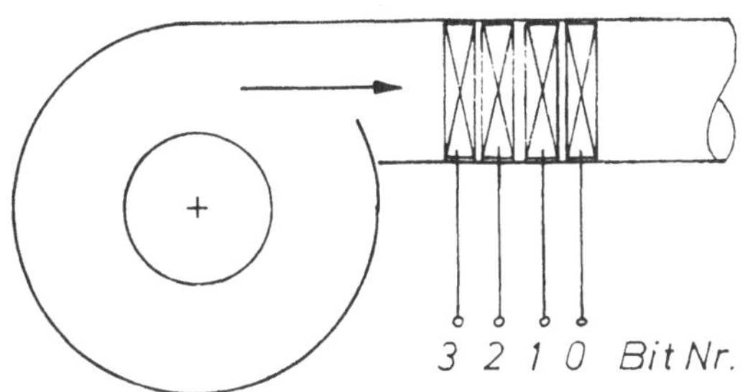

Bild 1.9 Digitale Steuerung eines Heißluftgebläses

Bei einem analogen System ist der Fehler, der maximal auftreten kann, abhängig von der Breite des Wertebereichs. Er wird in % vom Maximalwert angegeben.
Beim digitalen System beträgt der Fehler maximal 1 Bit. Das System arbeitet umso genauer, je mehr Bits das digitale Signal enthält.

1.3 Technische Realisierung von Steuerungen

Bei Steuerungsvorgängen in Maschinen und technischen Anlagen wird der Eingriff des Menschen so weit es geht durch die maschinelle Steuerung ersetzt.

Einfache Steuerungen können z.B. aus mechanischen Anordnungen von Gestänge, Kupplungen und Getrieben bestehen.
Beispiele sind Geschwindigkeitssteuerungen über mechanische Schaltgetriebe, die Erzeugung komplizierter Bewegungsverläufe über Nocken und Getriebe bei Landmaschinen oder Verriegelungsschaltungen durch mechanische Schlösser, o.a..

Wenn größere Schaltenergien benötigt werden, so kann man den Steuervorgang mit pneumatisch oder hydraulisch betriebenen Zylindern oder Motoren erzeugen.

Beispiele sind die Steuerung von Zustellbewegungen bei Werkzeugmaschinen, Bewegungssteuerungen von Hobelmaschinen, Steuerungen von Mobilkränen u.ä..

Elektrische Steuerungen werden durch das Zusammenschalten von Relais oder Schützen verwirklicht: z.B. Schaltungen für den Hochlauf von Elektromotoren (Stern-Dreieck-Umschaltung), Richtungsumsteuerungen, u.ä..

Elektronische Steuerungen bestehen aus Halbleiterschaltkreisen, die Dioden, Transistoren, Thyristoren und ähnliche Komponenten enthalten. Es handelt sich dabei meistens um mehr oder weniger hoch integrierte Halbleiterbauelemente, sogenannte IC's (Integrated Circuits). Zu dieser Kathegorie gehören auch die sogenannten TTL-Steuerungen (TTL = Transistor-Transistor-Logic).

Steuerungen, die auf mikroelektronischen Elementen basieren, enthalten einen Mikroprozessor. Es sind dies die SPS-Steuerungen (Speicherprogrammierbare Steuerungen) und die Steuerungen mit dem Computer.

Elektrische und elektronische Steuerungen sowie Steuerungen, die aus Bauelementen der Mikroelektronik aufgebaut sind, haben einen hohen technischen Stand erreicht und werden in fast allen Bereichen der Technik eingesetzt.

Mit den oben angeführten Einheiten wird die Steuereinrichtung aufgebaut. Das Ausgangssignal der Steuereinrichtung, *Bild 1.1 a*, bildet die Eingangsgröße der Steuerstrecke.

Unter Steuerstrecke versteht man denjenigen Teil einer Anlage, in dem die zu steuernde Größe beeinflußt wird.

Viele Steuerstrecken sind binärer Art, bei ihnen werden die Verbraucher nur ein- und ausgeschaltet.

Steuerstrecken können auch analoge Funktionen erfüllen. Dies ist der Fall bei der stufenlosen Steuerung von Drehzahlen und Drehmomenten von Antriebsmotoren.

Seltener finden sich digitale Steuerstrecken. Vielstufige Temperatursteuerungen, die durch das Zu- und Abschalten gestufter Heizregister verwirklicht werden, können zu dieser Kategorie gezählt werden.

1.4 Beispiele technischer Steuerstrecken

1.4.1 Mechanische Steuerstrecken

Bild 1.10 zeigt ein zweistufiges mechanisches Schaltgetriebe. Über die Bewegung des Stellhebels werden die korrespondierenden Zahnräder zueinander verschoben, so daß sich die Paarung ändert. Auf diese Weise verändert sich bei konstanter Antriebsdrehzahl die Drehzahl am Abtrieb.

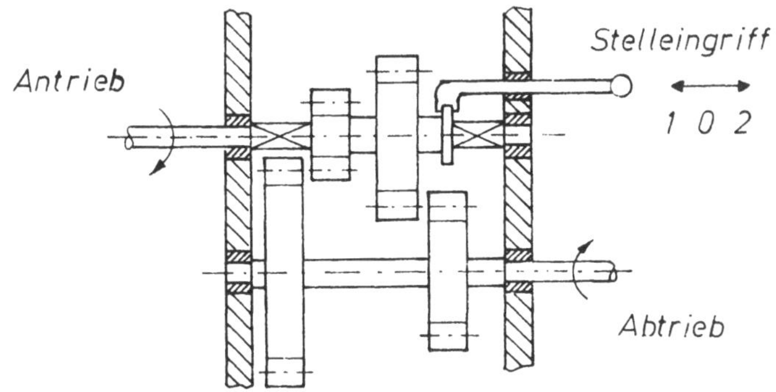

Bild 1.10 Mechanisches Schaltgetriebe zur Drehzahlsteuerung

Das stufenlos verstellbare Riemengetriebe stellt ein Beispiel für eine analoge mechanische Steuerung dar.

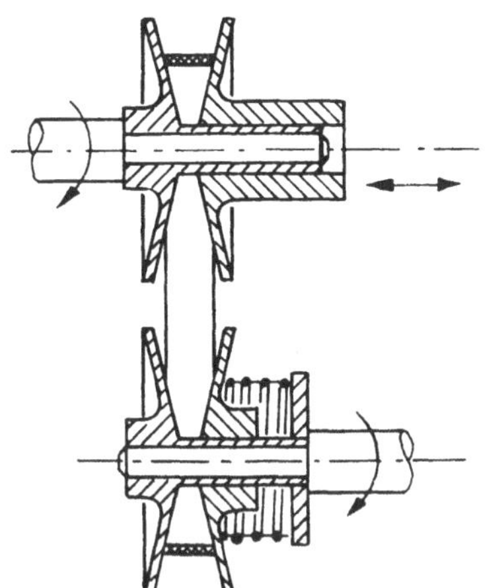

Die axiale Verschiebung einer Hälfte der kegelförmigen Riemenscheibe auf der Antriebsseite bewegt den Keilriemen nach außen bzw. nach innen.
Die federbelastete Kegelscheibe auf der Abtriebsseite gibt entsprechend nach. Je nach dem für den Riemen wirksamen Verhältnis der Radien der Kegelscheiben stellt sich die Drehzahl ein.

Bild 1.11 Analoge mechanische Drehzahl-Steuerung

1.4.2 Pneumatische Steuerstrecken

Ein Pneumatikmotor, der über ein stetig verstellbares Drosselventil mit Druckluft beaufschlagt wird, stellt eine analog wirkende pneumatische Steuerstrecke dar, *Bild 1.12*.
Eingangsgröße ist die Öffnung des Drosselventilquerschnitts, Ausgangsgröße ist die Drehgeschwindigkeit des Pneumatikmotors.

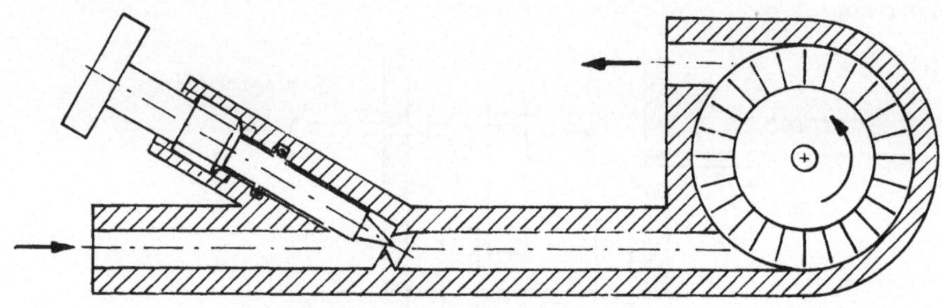

Bild 1.12 Analoge pneumatische Steuerung

Die Druckluft wird dem System durch eine hier nicht gezeigte zentrale Druckluft-Versorgung mit konstantem Überdruck, z.B. 5000 hPa, zugeführt. Entsprechend der Öffnung des Drosselquerschnitts im Ventil ändert sich der Luftstrom und damit die Drehzahl des Pneumatikmotors.
Welche Drehzahl sich tatsächlich einstellt, ist zusätzlich abhängig von der am Motor anliegenden Belastung. Im Gegensatz zu einer Regelung kann die Steuerung derartige Störgrößen nicht kompensieren.

Wenn statt eines aufwendigen proportionalen Stromventils ein einfaches Schaltventil verwendet wird, handelt es sich um eine binäre pneumatische Steuerung. Das Ventil kann dann nur zwei Zustände einnehmen: "offen" oder "geschlossen". Entsprechend wird der Luftstrom durchgelassen oder gesperrt.

Bild 1.13 zeigt ein Beispiel für die Steuerung mit einer binären pneumatischen Steuerstrecke. Der Kolben fährt aus, wenn das Schaltventil betätigt wird. Er fährt zurück, wenn das Ventil entlastet wird.

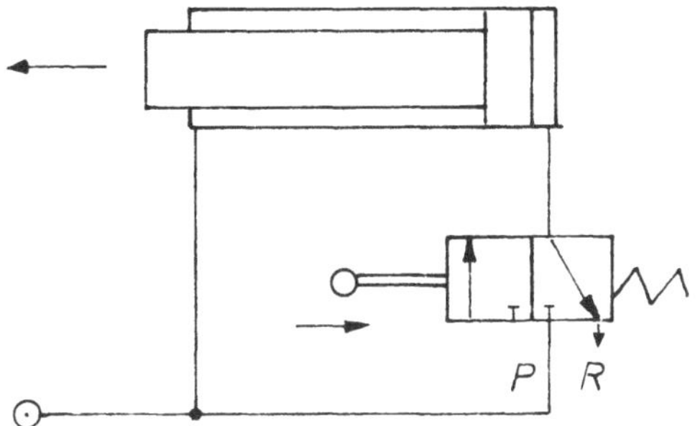

Bild 1.13 Binäre pneumatische Steuerung

Weiterführende Literatur über pneumatische Steuerungen [4], [5].

1.4.3 Hydraulische Steuerstrecken

1.4.3.1 Hydraulische Steuerstrecke mit Drosselsteuerung im Konstantdrucksystem

Eine analoge hydraulische Steuerung kann ähnlich wie die analoge pneumatische Steuerung als Konstantdrucksystem realisiert werden.
Dabei arbeitet eine Zahnradpumpe gegen ein Druckbegrenzungsventil. Auf diese Weise entsteht ein konstanter hydraulischen Druck, der bis maximal 315.000 hPa beträgt.
Ein Teil des Systemdruckes wird in einem stetig verstellbaren Drosselventil in einen Ölstrom umgesetzt. Dieser treibt den Kolben eines Hydraulikzylinder voran oder dreht die Welle eines Hydraulikmotors.
Das Ventil kann als mechanisches Ventil ausgeführt sein. Es kann auch als elektrohydraulisches Ventil mit einem Proportionalmagnet ausgerüstet werden, *Bild 1.14* .
Dieses sogenannte Proportionalventil ist derart ausgelegt, daß das Ventil sich proportional zu einem angelegten elektrischen Signal (Strom bzw. Spannung) öffnet. Wenn eine gute Linearität und geringe Hysterese erreicht werden soll, muß der Magnet im geschlossenen Regelkreis mit Rückführung des Kolbenhubs gefahren werden. Dazu wird der Kolbenhub mit einem induktiven Weggeber gemessen und dieses Signal dem Regler zugeführt.

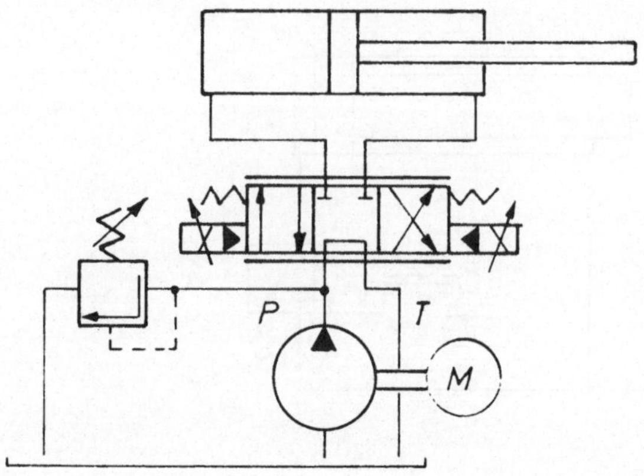

Bild 1.14 Hydraulische Drosselsteuerung mit Proportionalventil

Das Ansprechverhalten kann verbessert und die Stellgeschwindigkeit erhöht werden, wenn Servoventile in mehrstufiger Bauart eingesetzt werden. Bei diesen wird der Ventilkolben durch einen elektrischen Torquemotor mit Lagerückführung verstellt.

Bild 1.15 zeigt den Aufbau eines zweistufigen Servoventils mit mechanischer Lagerückführung. Auch hier ist die Rückführung der Position des Kolbens auf elektrischem Wege mittels induktiver Messung oder über Magnetfeldsensoren je nach gewünschter Genauigkeit möglich.

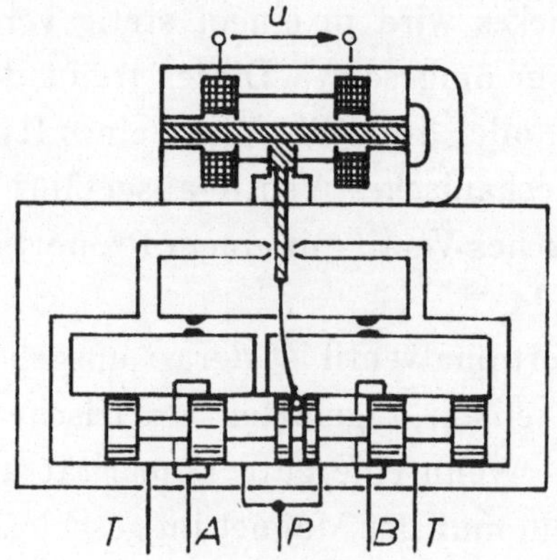

Bild 1.15 Aufbau eines zweistufigen Servoventils mit mechanischer Rückführung

1.4.3.2 Hydraulische Drucksteuerung

Ähnlich wie bei der pneumatischen Drucksteuerung wird bei der hydraulischen Drucksteuerung der Druck vor einem Kolben oder am Einlaß zu einem Hydromotor über ein Druckventil verändert.
Als Druckventil kann ein Druckbegrenzungsventil dienen, das von einem Proportionalmagneten angesteuert wird.
Es kann auch ein spezielles Servodruckventil eingesetzt werden. Das Servoventil hat den Vorteil, daß es schneller anspricht und dadurch die Dynamik verbessert. Dies ist insbesondere innerhalb eines geschlossenen Regelkreises von Vorteil.

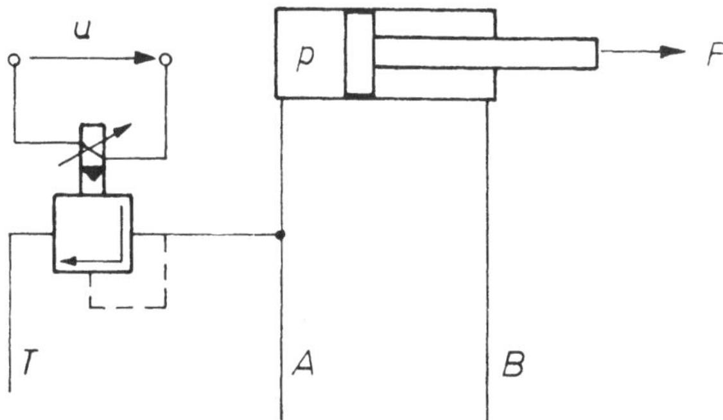

Bild 1.16 Hydraulische Drucksteuerung über ein Druckservoventil

1.4.3.3 Hydraulische Steuerung im geschlossenen Kreislauf

Energetisch günstiger als bei der Drosselsteuerung im Konstantdrucksystem werden unterschiedliche Ölströme mit einer verstellbaren Hydropumpe erzeugt.
Steuerungen dieser Art haben insbesondere als hydraulische Steuerungen geschlossener Bauart in der Mobilhydraulik Bedeutung.
Hier kann der hydraulische Fahrantrieb mit einer Verstellpumpe ausgerüstet werden, die in beide Richtungen fördern kann und auf diese Weise eine feinfühlige Steuerung des Fahrzeugs bei geringen Verlusten ermöglicht, *Bild 1.17* [ ].
Die Verstellpumpe VP ist für beide Förderrichtungen ausgelegt, so daß der Motor vorwärts und rückwärts gesteuert werden kann. Mit der Pumpenwelle verbunden ist eine Speisepumpe SP, die über die beiden Rückschlagventile R_1 R_2 in die jeweilige Niederdruckseite einspeist.

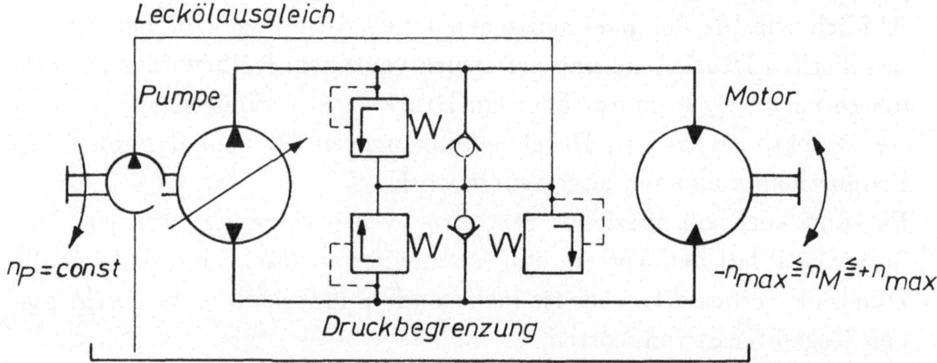

Bild 1.17 Hydraulische Antriebssteuerung im geschlossenen Kreislauf

Der Druck in der jeweiligen Hochdruckseite des Motors wird durch die beiden Druckbegrenzungsventile DB_1 und DB_2 eingestellt. Dadurch ergibt sich das Motordrehmoment, bzw. bei Pumpenförderstrom Null das jeweilige Bremsmoment.
Das von der Verstellpumpe gesteuerte Spülventil SPV sorgt in Verbindung mit dem Druckbegrenzungsventil DB_3 und der Speisepumpe SP dafür, daß das Öl der Niederdruckseite kontrolliert in den Tank zurückfließen kann und durch neues Öl ersetzt wird. Auf diese Weise wird der Kreislauf gekühlt und ein Austausch der Druckflüssigkeit im geschlossenen Kreislauf erreicht.

Im Gegensatz zu den analogen hydraulischen Steuerungen werden digitale und binäre hydraulische Steuerungen mit Schaltventilen realisiert, die nur zwei oder drei festgelegte Schaltstellungen besitzen.
Bild 1.18 zeigt die Steuerung einer hydraulischen Vorschubeinheit mit Schaltventilen.
Hydraulische Schaltventile sind oft als Wegeventile ausgeführt. Ein 4/3-Wegeventil z.B. besitzt 4 Anschlüsse und kann 3 Stellungen einnehmen. Durch den einen Anschluß tritt das Drucköl von der Pumpe ein. Einen zweiter Anschluß führt das drucklose Rücköl zum Tank. Zwei Anschlüsse verbinden das Ventil mit den beiden Zylinderkammern A und B.

Die drei Stellungen des Ventils sind: Ventil geschlossen (Mittelstellung), Ventilkolben rechts (rechte Kolbenseite B wird beaufschlagt), Ventilkolben links (linke Kolbenseite, A wird beaufschlagt).
Hydraulische Schaltventile können mechanisch, z.B. über Nocken, betätigt werden. Sie lassen sich auch elektrisch über Schaltmagnete steuern oder werden von einer vorgeschalteten hydraulischen Vorstufe bewegt.

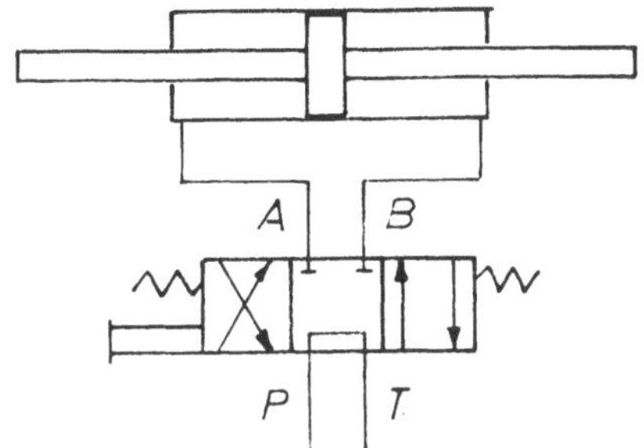

Bild 1.18 Hydraulische Steuerung einer Vorschubeinheit

1.4.4 Elektrische Steuerstrecken

Elektrische Antriebe, Magnete oder Motoren, werden durch Einwirken auf die magnetischen Felder gesteuert. Dies geschieht durch Änderung der angelegten elektrischen Spannung oder bei Wechselfeldern durch Änderung der Frequenz der Wechselspannung, [7].

1.4.4.1 Drehzahlsteuerung von Gleichstrommotoren

Die einfachste aber auch verlustreichste Methode, die Drehzahl eines Gleichstrommotors zu steuern, besteht darin, daß die Motorspannung mittels eines variablen Vorschaltwiderstandes variiert wird. Hierzu ist es erforderlich, daß der Motor aus einem Gleichspannungsnetz gespeist wird, *Bild 1.19* .
Der vorgeschaltete Widerstand wird mit dem Ankerwiderstand des Motors in Reihe geschaltet. An ihm fällt ein Teil der angebotenen Netzspannung ab, so daß für den Motor eine entsprechend geringere Spannung zur Verfügung steht.
Diese Art der Steuerung ist dem Prinzip nach eine Drosselsteuerung.
Im Vorwiderstand wird ein Teil der aufgenommenen elektrischen Leistung in Wärme umgesetzt und geht für den Verbraucher verloren.

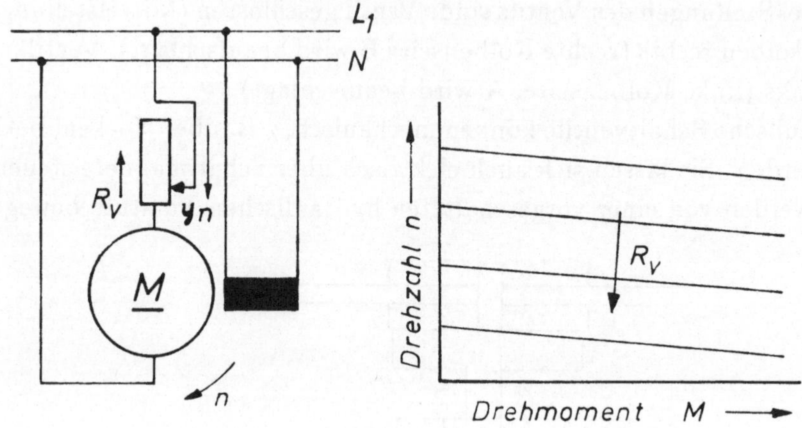

Bild 1.19 Drehzahlsteuerung des Gleichstrommotors durch Variation des Vorwiderstandes

Die zur Steuerung der Drehzahl erforderliche variable Gleichspannung läßt sich auch durch einen verstellbaren Gleichrichter, eine sogenannte Stromrichterschaltung, aus einem Wechselspannungsnetz erzeugen. Derartige Gleichrichter werden aus Leistungsthyristoren aufgebaut. Für kleinere Leistungen genügt die Gleichrichtung des Einphasen-Wechselstroms, bei größeren Leistungen wird die variable Gleichspannung mit einen Dreiphasenstromrichter aus dem Drehstromnetz gewonnen.

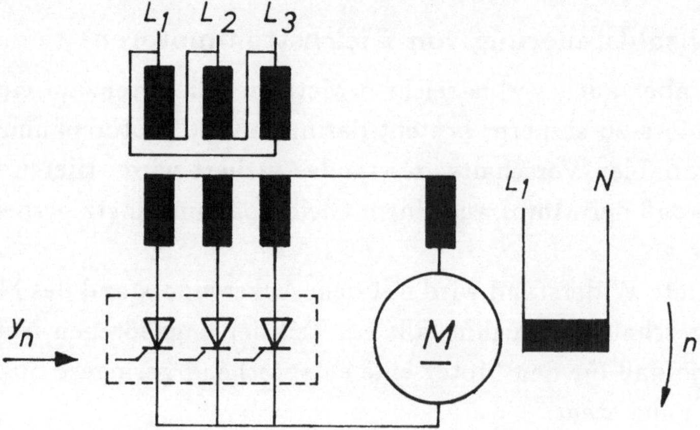

Bild 1.20 Drehzahlsteuerung des Gleichstrommotors mit einem Dreiphasen-Stromrichter

1.4.4.2 Drehzahlsteuerung von Drehstrommotoren

Eine grobe stufenweise Drehzahlsteuerung kann bei Drehstrommotoren erfolgen, deren Pole umschaltbar sind. Durch Einschalten entsprechend vieler Pole wird die effektive Polpaarzahl des Motors und dadurch dessen Drehzahl verändert.

Bei Drehstrommotoren mit Schleifringläufern kann eine Drehzahlsteuerung durch Änderung der Läuferwiderstände bewerkstelligt werden. Das bedingt allerdings in gleicher Weise wie bei der Steuerung des Gleichstrommotors einen erheblichen Leistungsverlust.

Der Fortschritt der Halbleitertechnik läßt diese Methoden mehr und mehr in den Hintergrund treten. Sie werden ersetzt durch die stufenlose Drehzahlsteuerung von Drehstrommotoren über elektronische Wechselrichter, die die Frequenz beeinflussen.

Für Motorsteuerungen mit sehr hohen Ansprüchen an Genauigkeit und Schnelligkeit der Reaktionen, wie sie z.B. bei Werkzeugmaschinen oder Textilmaschinen gefordert werden, sind Drehstromservomotoren entwickelt worden, die wie Synchronmaschinen mit Drehstromwicklungen im Ständer und Permanentmagneten im Läufer ausgebildet sind.
Die Permanentmagnetpole bestehen aus Samarium-Kobalt und besitzen daher eine hohe magnetische Feldstärke. Der Läufer ist konstruktiv derart gestaltet, daß sich ein niedriges Massenträgheitsmoment ergibt. Daher zeigen diese Motoren ein sehr gutes dynamisches Verhalten. Sie sind außerdem nahezu wartungsfrei, da sie keinen Kommutator und keine Schleifringe besitzen. Allerdings bedürfen sie einer schnell reagierenden Regelung, die den Drehlagevektor überwacht und das Drehfeld beeinflußt.
Bei der Steuerung wird die Position des Drehlagevektors dem Regelkreis als Führungsgröße vorgegeben. Man kann auf diese Weise den Drehwinkel oder die Drehwinkelgeschwindigkeit mit großer Präzision steuern, *Bild 1.21* .
Die Antriebe können im sogenannten Vierquadrantenbetrieb gefahren werden, *Bild 1.22* . Das bedeutet, Drehzahl und Drehmoment werden in beiden Richtungen gesteuert. Es kann gezielt gebremst werden. Die freiwerdende Bremsenergie wird in das elektrische Netz zurückgespeist, wenn der Stromrichter über entsprechende Einrichtungen verfügt.

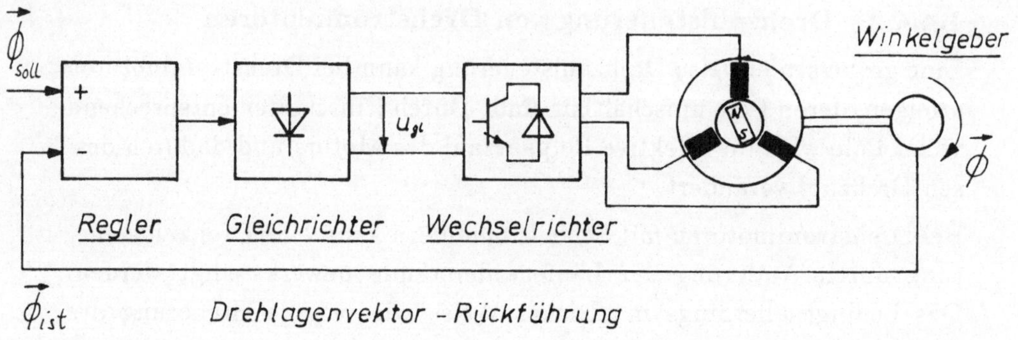

Bild 1.21 Drehzahl- und Drehwinkel-Steuerung eines Drehstrom-Servomotors durch Vorgabe des Drehlagevektors

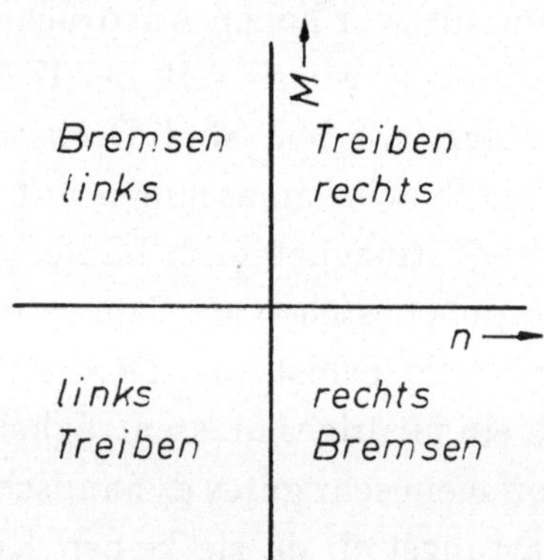

Bild 1.22 Vierquadranten-Steuerung

1.4.4.3 Schrittmotorsteuerung

Bild 1.23 zeigt das Prinzip des Schrittmotors. Wenn eine der Ständerwicklungen, z.B. Spule 1, erregt wird, wird das dem zugehörigen Magnetfeld am nächsten stehende Läuferpolpaar in die Richtung des aktivierten Erregerfeldes gedreht. Auf diese Weise bewegt sich der Läufer um einen Schritt voran.

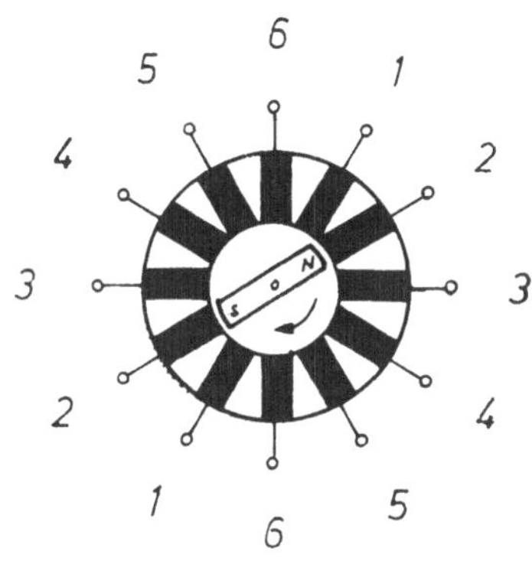

Bild 1.23 Funktionsprinzip des Schrittmotors

Werden z.B. die Spulen 1, 2, 3 und 4 nacheinander durch die Spannungen u_1, u_2, u_3, u_4 erregt, führt der Motor drei aufeinander folgende Schritte aus. Seine Geschwindigkeit wird dabei durch die Schnelligkeit bestimmt, mit der die Spannungsimpulse einander folgen.
Die Drehrichtung hängt davon ab, in welcher Reihenfolge die Magnete erregt werden.

Die Zahl der Erregerwicklungen und die Zahl der Polpaare im Läufer bestimmen die Feinheit der Schritte.
Neben dem oben geschilderten Vollschrittbetrieb kann der Schrittmotor auch im Halbschrittbetrieb laufen.
Es werden dann zwischen den Vollschritten zusätzlich zwei benachbarte Erregerwicklungen gleichzeitig erregt. Der Läufer stellt sich jeweils auch auf die Mittelstellung zwischen beiden erregten Magneten ein. Dadurch wird die Schrittweite halbiert. Der Motor läuft ruhiger. Allerdings nimmt die Drehgeschwindigkeit und das erreichbare Drehmoment ab.
Damit beim Betrieb des Schrittmotors keine Schritte verlorengehen, muß die Ansteuerung derart erfolgen, daß das zur jeweiligen Drehzahl gehörige Maximaldrehmoment nicht überschritten wird.
Beim Anfahren höherer Schrittfrequenzen müssen bestimmte Anfahr- und Bremsverläufe vorgesehen werden.

2 Verknüpfungssteuerungen

Die Variablen einer Steuereinrichtung sind im allgemeinen zweiwertig also binär. Sind mehr als eine Eingangsvariable vorhanden, so werden die einzelnen Variablen durch logische Operationen miteinander verknüpft.
Man spricht dann von einer Verknüpfungssteuerung *Bild 2.1* .

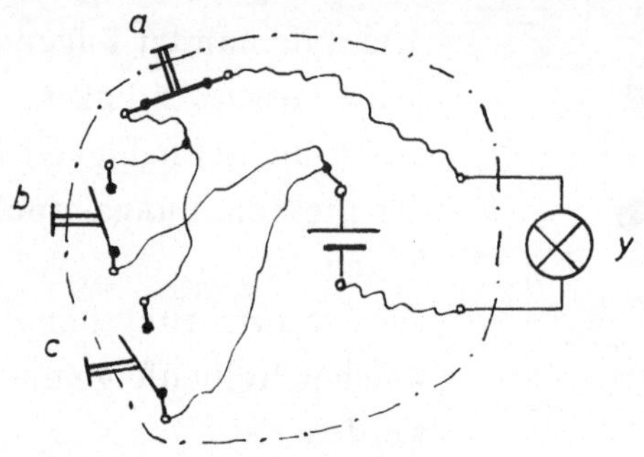

Bild 2.1 Verknüpfungssteuerung

Die Variablen a , b und c sind die Eingangsvariablen der Steuereinrichtung.
Die Variable y ist die Ausgangsvariable.
Alle Variablen besitzen nur die beiden Zustände "1" oder "0" .
Das umrandete Gebilde stellt das zu steuernde System dar.

In *Bild 2.1* wird nur eine Ausgangsvariable y betrachtet. Es sind jedoch durchaus weitere Ausgangsgrößen denkbar, z.B. diejenige, die sich aus der Kombination der Zustände nur der Schalter a und b ergibt.
Der Zusammenhang zwischen den Eingangsvariablen und der jeweilig betrachteten Ausgangsvariablen kann durch eine logische Gleichung beschrieben werden :

$$y = f(a, b, c)$$

zum Beispiel

$$y = a \wedge (b \vee c)$$

2.1 Logische Verknüpfungen

Die logischen Zusammenhänge, die die Gesetzmäßigkeiten innerhalb eines Systems ausdrücken, lassen sich auf Kombinationen aus einigen wenigen logischen Grundgleichungen zurückführen.

2.1.1 Die Identität

Das Ausgangssignal y ist dem Eingangssignal a gleich.

In Worten: y ist identisch a .

Als Gleichung geschrieben:

$$y = a \tag{2.1}$$

In symbolischer Darstellung:

Der Zusammenhang zwischen y und a kann auch mit Hilfe einer sogenannten Wahrheitstabelle ausgedrückt werden:

Tabelle 2.1 Wahrheitstabelle für die Identität

a	y	
0	0	Eingangsvariable falsch, Ausgangsvariable falsch !
1	1	Eingangsvariable wahr, Ausgangsvariable wahr !

2.1.2 Die Inversion

Das Ausgangssignal y ist dem Eingangssignal a nicht gleich.

$$y = \overline{a} \tag{2.2}$$

Symbolische Darstellung:

Tabelle 2.2 Wahrheitstabelle der Inversion

a	y	
0	1	Eingangssignal falsch, Ausgangssignal wahr !
1	0	Eingangssignal wahr, Ausgangssignal falsch !

2.1.3 Das logische UND (engl. AND)

Das Ausgangssignal y ist dann *wahr* , wenn das Eingangssignal a *wahr* ist UND wenn das Eingangssignal b ebenfalls *wahr* ist.

y gleich a UND b

$$y = a \wedge b \tag{2.3}$$

Symbolische Darstellung:

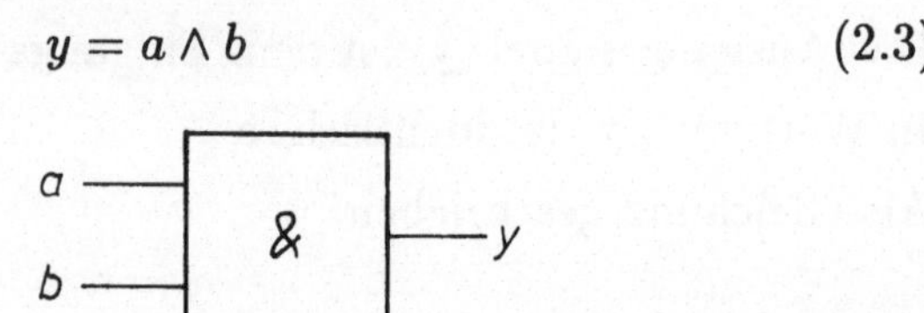

Tabelle 2.3 Wahrheitstabelle für die UND-Funktion mit zwei Variablen

a	b	y	
0	0	0	beide Variablen falsch, Ergebnis falsch !
0	1	0	nur eine Variable wahr, Ergebnis falsch !
1	0	0	nur eine Variable wahr, Ergebnis falsch !
1	1	1	beide Variablen wahr, Ergebnis wahr !

Die UND-Funktion gilt für beliebig viele Variablen. Das Ergebnis ist dann und nur dann $y = 1$, wenn alle Variablen gleichzeitig logisch "1" sind.

2.1.4 Das logische ODER (engl. OR)

Das Ausgangssignal y ist dann *wahr* , wenn das Eingangssignal a *wahr* ist ODER wenn das Eingangssignal b *wahr* ist.

y gleich a ODER b

$$y = a \vee b \tag{2.4}$$

Symbolische Darstellung:

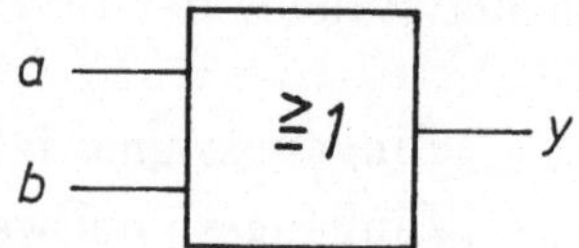

Tabelle 2.4
Wahrheitstabelle für die ODER-Funktion mit zwei Variablen

a	b	y	
0	0	0	beide Variablen falsch, Ergebnis falsch !
0	1	1	eine Variable wahr, Ergebnis wahr !
1	0	1	
1	1	1	beide Variablen wahr, Ergebnis wahr !

Auch die ODER-Funktion gilt für beliebig viele Variablen. Das Ergebnis ist dann $y = 1$, wenn mindestens eine der Variablen "1" ist.

2.1.5 Invertiertes UND (engl. NAND)

Das Ergebnis ist invers dem Ergebnis der UND-Verknüpfung.

y gleich NICHT a UND b

$$y = \overline{a \wedge b} \tag{2.5}$$

Symbolische Darstellung:

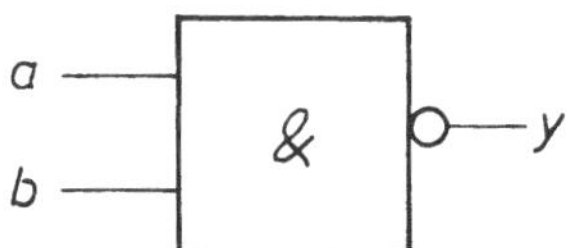

Tabelle 2.5
Wahrheitstabelle für die NAND-Funktion mit zwei Variablen

a	b	y	
0	0	1	beide Variablen falsch, Ergebnis wahr !
0	1	1	nur eine Variable wahr, Ergebnis wahr !
1	0	1	nur eine Variable wahr, Ergebnis wahr !
1	1	0	beide Variablen wahr, Ergebnis falsch !

Die NAND-Funktion gilt für beliebig viele Variablen.

2.1.6 Invertiertes ODER (engl. NOR)

y gleich NICHT a ODER b

$$y = \overline{a \vee b} \qquad (2.6)$$

Symbolische Darstellung:

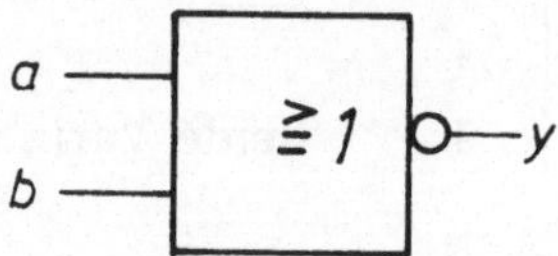

Tabelle 2.6
Wahrheitstabelle für die NOR-Funktion mit zwei Variablen

a	b	y	
0	0	1	beide Variablen falsch, Ergebnis wahr !
0	1	0	eine Variable wahr, Ergebnis falsch !
1	0	0	
1	1	0	beide Variablen wahr, Ergebnis falsch !

Die NOR-Funktion gilt für beliebig viele Variablen.

2.1.7 Exklusiv-ODER (XOR)

Das Ausgangssignal des Exklusiv-ODER ist nur dann *wahr* , wenn eine der beiden Variablen *wahr* ist.
Es ist *falsch* , wenn beide Variablen *wahr* sind.

Tabelle 2.7
Wahrheitstabelle für das Exklusiv-ODER mit zwei Variablen

a	b	y	
0	0	0	beide Variablen falsch, Ergebnis falsch !
0	1	1	eine Variable wahr, Ergebnis wahr !
1	0	1	
1	1	0	beide Variablen wahr, Ergebnis falsch !

Das Exklusiv-ODER läßt sich aus UND- und ODER-Funktionen zusammensetzen, *Bild 2.2* :

$$y = (a \wedge \bar{b}) \vee (\bar{a} \wedge b) \qquad (2.7)$$

Symbolische Darstellung des Exklusiv-ODER:

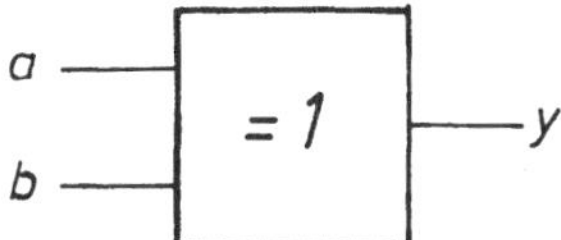

Das Exklusiv-ODER wird auch Antivalenz genannt.

2.1.8 Äquivalenz

Die Äquivalenz ist die Inversion der Antivalenz.
Symbolische Darstellung der Äquivalenz:

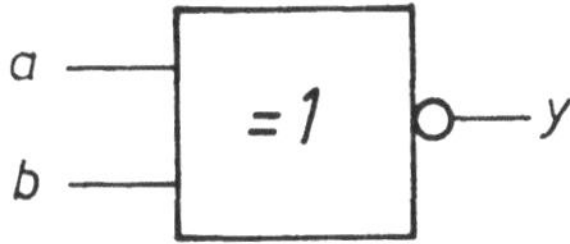

Das Ausgangssignal der Äquivalenz ist nur dann *wahr*, wenn jeweils beide Eingangsvariablen *wahr* sind oder wenn beide falsch sind.

$$y = (a \wedge b) \vee (\bar{a} \wedge \bar{b}) \tag{2.8}$$

Die Schaltung der Äquivalenz zeigt *Bild 2.2*.

Tabelle 2.8
Wahrheitstabelle für die Äquivalenz

a	b	y	
0	0	1	beide Variablen falsch, Ergebnis wahr !
0	1	0	eine Variable wahr, Ergebnis falsch !
1	0	0	
1	1	1	beide Variablen wahr, Ergebnis wahr !

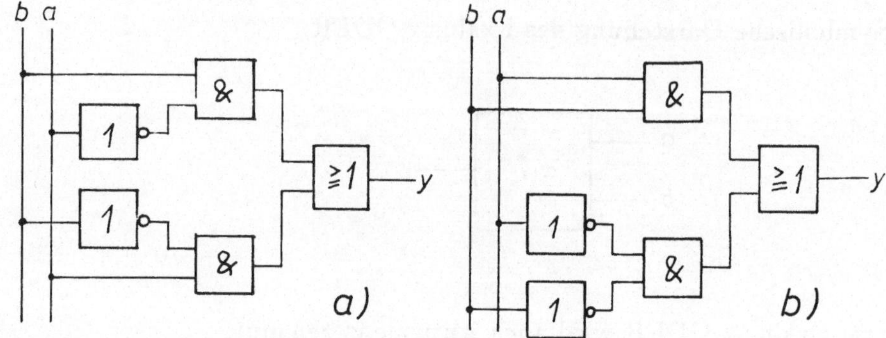

Bild 2.2 Logische Schaltung der Antivalenz a und der Äquivalenz b

2.2 Beispiele für Verknüpfungssteuerungen

Beispiel 1: Drei Verbraucher a, b und c können auf ein Netz geschaltet werden. Damit das Netz nicht überlastet wird, dürfen zur gleichen Zeit nur die Verbraucher a und c bzw. die Verbraucher b und c ans Netz gelegt werden.

Aus der Gesamtheit der möglichen Kombinationen der drei Verbraucher soll bei den oben genannten erlaubten eine Freimeldung $y = 1$ gegeben werden. Für alle übrigen Kombinationen sei $y = 0$.

Stellen Sie die Wahrheitstabelle für alle Kombinationen der drei Verbraucher dar und geben Sie den jeweiligen Zustand des Signals y in der Tabelle an.

Wie lautet die logische Gleichung für die erlaubten Schaltungen der Verbraucher? Zeichnen Sie die zugehörige symbolische Schaltung.

Lösung:

Wahrheitstabelle ($y = 1$ kennzeichnet die erlaubten Kombinationen):

a	b	c	y
0	0	0	0
0	0	1	0
0	1	0	0
0	1	1	1
1	0	0	0
1	0	1	1
1	1	0	0
1	1	1	0

Die Schaltgleichung für die erlaubten Kombinationen lautet:

$$y = (a \wedge \bar{b} \wedge c) \vee (\bar{a} \wedge b \wedge c)$$

Die Schaltung ist:

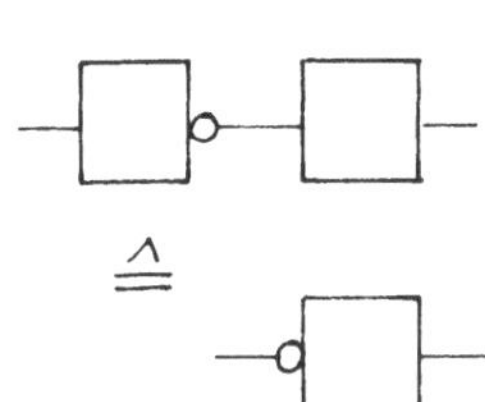

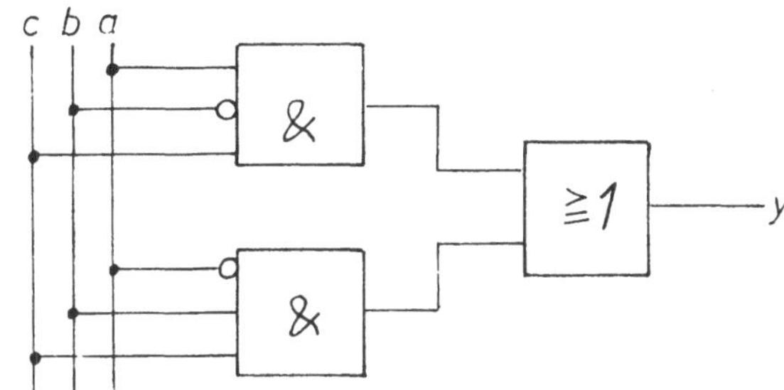

Beispiel 2: Ein Reaktorgefäß wird mittels der Ventile V_1 und V_2 in zwei verschiedene Stränge entleert. Damit das Gefäß nicht zu schnell leerläuft, dürfen die Ventile nicht gleichzeitig offen sein ($V_1 = 1$ und $V_2 = 1$). Aus Sicherheitsgründen ist auch der Zustand, daß beide Ventile gleichzeitig geschlossen sind ($V_1 = 0$ und $V_2 = 0$), verboten.
Stellen Sie die Wahrheitstabelle auf. Für die verbotenen Zustände sei $x = 1$.
Invertieren Sie den Zusammenhang, so daß $y = \bar{x}$.
Wie lautet die Schaltgleichung für y? Wie heißt diese Schaltfunktion? Welchen Namen hat die ursprüngliche Funktion?

Lösung:
Wahrheitstabellen: Ursprungsfunktion:

V_1	V_2	x
0	0	1
0	1	0
1	0	0
1	1	1

Invertierte Funktion:

V_1	V_2	y
0	0	0
0	1	1
1	0	1
1	1	0

Die Schaltgleichung lautet: $y = (\bar{a} \wedge b) \vee (a \wedge \bar{b})$

Es handelt sich hier um eine Antivalenz.
Der ursprüngliche Zusammenhang heißt Äquivalenz:

$$x = (\bar{a} \wedge \bar{b}) \vee (a \wedge b)$$

2.3 Simulation logischer Verknüpfungen auf dem Computer

Binäre logische Zusammenhänge lassen sich leicht mit Hilfe eines eines Rechners auf dem Bildschirm nachbilden. Mit einer derartigen Simulation kann die Funktion getestet werden. Änderungen an der Schaltfunktion lassen sich per Software vornehmen. Die Schaltung kann auf diese Weise auf die Anwendung hin optimiert werden.

Im Anhang ist ein Pascal-Programm für die Simulation der logischen Verknüpfung dreier Variablen a, b, c gegeben, Programm *LOG_PAS*. Das Programm ist so aufgebaut, daß auf dem Bildschirm je ein Feld für die drei binären Eingangsvariablen a, b, c erscheint. Das Feld leuchtet rot auf, wenn die entsprechende Variable "wahr" ist. Wenn sie "falsch" ist, bleibt das Feld leer. Bei Erfüllung der simulierten Funktion leuchtet das entsprechende Feld für die Ausgangsvariable y gelb auf.

Im gegebenen Programm können nach Wahl der Taste < 1 > die UND-Funktion und nach Wahl der Taste < 2 > die ODER-Funktion getestet werden. Taste < 3 > testet die Funktion

$y = (\bar{a} \wedge \bar{b} \wedge c) \vee (a \wedge \bar{b} \wedge c) \vee (\bar{a} \wedge b \wedge c) \vee (a \wedge b \wedge c)$.

Weitere Funktionen können durch Abänderung der Befehlszeilen des Programms realisiert werden.

Eingabe <1> = UND <2>=ODER <3>=binäre Funktion

Taste [a] : a="1" *Taste [A] : a="0"*

Taste [b]: b="1" *Taste [B] : b="0"*

Taste [c] : c="1" *Taste [C] : c="0"*

[Esc] : "Neuer Versuch"

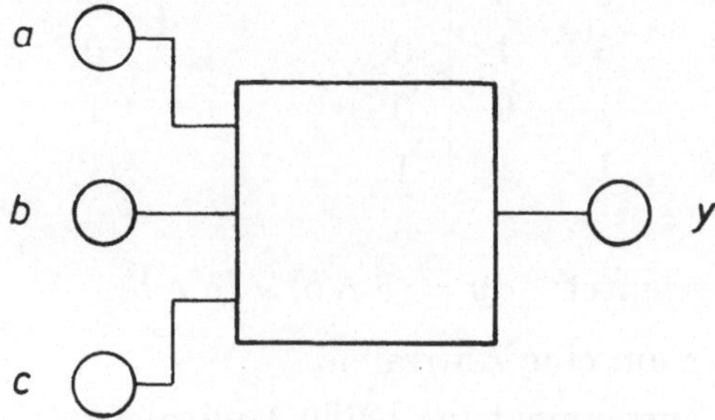

Bild 2.3 Bildschirmanzeige bei der UND-Funktion

2.4 Berechnung von Schaltfunktionen mittels der Boolschen Algebra

2.4.1 Grundregeln der Schaltalgebra

Der englische Mathematiker George Boole (1815 - 1864) entwickelte die logische Algebra (Boolesche Algebra), mit deren Hilfe die funktionalen Zusammenhänge der binären Schaltglieder berechnet werden.
Für die durch die logischen Operatoren $\wedge$ $\equiv$ UND und $\vee$ $\equiv$ ODER miteinander verknüpften Variablen einer Schaltfunktion gelten die folgenden grundlegenden Gesetze:

Priorität:

Die UND-Funktion hat Priorität vor der ODER-Funktion:

$$a \wedge b \vee c = (a \wedge b) \vee c \tag{2.9}$$

Kommutatives Gesetz:

$$(a \wedge b) = (b \wedge a) \qquad (a \vee b) = (b \vee a) \tag{2.10}$$

Assoziatives Gesetz:

$$a \wedge (b \wedge c) = (a \wedge b) \wedge c \qquad a \vee (b \vee c) = (a \vee b) \vee c \tag{2.11}$$

Distributives Gesetz:

$$a \wedge (b \vee c) = a \wedge b \vee a \wedge c \qquad a \vee b \wedge c = (a \vee b) \wedge (a \vee c) \tag{2.12}$$

Tautologiegesetz:

$$a \wedge a = a \qquad a \vee a = a \tag{2.13}$$

Absorptionsgesetz:

$$a \wedge (a \vee b) = a \qquad a \vee a \wedge b = a \tag{2.14}$$

Komplementgesetz:

$$a \wedge \overline{a} = 0 \qquad a \vee \overline{a} = 1 \tag{2.15}$$

Doppeltes Komplement:

$$\overline{\overline{a}} = a \tag{2.16}$$

Inversionsgesetz, Gesetz von de Morgan:

$$y = a \wedge b \qquad \overline{y} = \overline{(a \wedge b)} = \overline{a} \vee \overline{b} \tag{2.17}$$

$$y = a \vee b \qquad \overline{y} = \overline{(a \vee b)} = \overline{a} \wedge \overline{b} \tag{2.18}$$

<u>**Beispiel**</u> für die Berechnung einer Schaltfunktion mit Hilfe des Inversionsgesetzes aus der Boolschen Algebra:
Man beweise, daß die Äquivalenz aus der Verneinung der Antivalenz entsteht.

<u>Lösung:</u>

Antivalenz: $y = (\overline{a} \wedge b) \vee (a \wedge \overline{b})$

Äquivalenz: $x = \overline{y} = \overline{(\overline{a} \wedge b) \vee (a \wedge \overline{b})} = \overline{(\overline{a} \wedge b)} \wedge \overline{(a \wedge \overline{b})}$

$$x = (a \vee \overline{b}) \wedge (\overline{a} \vee b) = (a \wedge \overline{a}) \vee (\overline{b} \wedge \overline{a}) \vee (a \wedge b) \vee (\overline{b} \wedge b)$$

$$x = (\overline{a} \wedge \overline{b}) \vee (a \wedge b)$$

Rechnung mit Konstanten

Die Boolsche Algebra kennt nur die beiden Konstanten "0" und "1". Es gelten folgende Rechenregeln:

$$0 \wedge 0 = 0 \qquad 0 \wedge 1 = 1 \wedge 0 = 0 \qquad 1 \wedge 1 = 1 \tag{2.19}$$

$$0 \vee 0 = 0 \qquad 0 \vee 1 = 1 \vee 0 = 1 \qquad 1 \vee 1 = 1 \tag{2.20}$$

$$0 \wedge a = 0 \qquad 1 \wedge a = a \tag{2.21}$$

$$0 \vee a = a \qquad 1 \vee a = 1 \tag{2.22}$$

Übungsbeispiele

Beispiel 1:

Die Funktion

$$y = (a \wedge \bar{b} \wedge \bar{c}) \vee (a \wedge \bar{b} \wedge c) \vee (a \wedge b \wedge c) \vee (a \wedge b \wedge \bar{c})$$

soll mit Hilfe der Gesetze der Booleschen Algebra vereinfacht werden.

Lösung:

Durch zweimalige Anwendung des Distributiven Gesetzes, Gl. 2.12 , findet man:

1) $y = a \wedge [(\bar{b} \wedge \bar{c}) \vee (\bar{b} \wedge c) \vee (b \wedge c) \vee (b \wedge \bar{c})]$

2) $y = a \wedge [\bar{b} \wedge (\bar{c} \vee c) \vee b \wedge (c \vee \bar{c})]$

Es ist $c \vee \bar{c} = 1$ (vgl. Gl. 2.15) .

Damit ergibt sich $y = a \wedge [(\bar{b} \wedge 1) \vee (b \wedge 1)]$

Nach Gl. 2.21 ist $b \wedge 1 = b$ und $\bar{b} \wedge 1 = \bar{b}$

Daraus folgt $y = a \wedge (\bar{b} \vee b)$ also $\underline{\underline{y = a}}$

Beispiel 2:

Man beweise das Absoptionsgesetz mit Hilfe der Boolschen Algebra.

Lösung:

$a \wedge (a \vee b) = (a \wedge a) \vee (a \wedge b)$

Dieser Ansatz führt nicht zum Ziel !

Ein zweiter Ansatz läßt sich durch Erweiterung mit dem Ausdruck $(b \vee \bar{b}) = 1$ finden:

$$\begin{aligned} a \wedge (a \vee b) &= a \wedge (b \vee \bar{b}) \wedge (a \vee b) = [(a \wedge b) \vee (a \wedge \bar{b})] \wedge (a \vee b) \\ &= (a \wedge b) \wedge (a \vee b) \vee (a \wedge \bar{b}) \wedge (a \vee b) \\ &= (a \wedge b \wedge a \vee a \wedge b \wedge b) \vee (a \wedge \bar{b} \wedge a \vee a \wedge \bar{b} \wedge b) \\ &= (a \wedge b \vee a \wedge b) \vee (a \wedge \bar{b} \vee a \wedge 0) = (a \wedge b) \vee (a \wedge \bar{b}) \\ &= a \wedge (b \vee \bar{b}) = \underline{\underline{a}} \end{aligned}$$

2.4.2 Normalformen der Schaltfunktion

Die Schaltfunktion läßt sich in der sogenannten Normalform darstellen. Dieses ist eine Schaltgleichung, deren einzelne Glieder sämtliche Eingangsvariablen der Funktion enthalten müssen. Sie kann in disjunktiver bzw. in konjunktiver Form geschrieben werden.
Die Normalform der Schaltfunktion ist die Ausgangsform für jedwede Vereinfachung der Schaltung. Sie enthält alle für die Vereinfachung erforderlichen Informationen.

2.4.2.1 Disjunktive Normalform (DN)

Die disjunktive Normalform einer Schaltfunktion besteht aus einer ODER-Verknüpfung mehrerer UND-Glieder. Jedes UND-Glied enthält alle Eingangsvariablen der Funktion entweder in direkter oder in invertierter Form.

Beispiel für die DN einer Schaltfunktion:

$$y = (\bar{a} \wedge b \wedge c) \vee (a \wedge \bar{b} \wedge \bar{c}) \vee (a \wedge b \wedge c)$$

2.4.2.2 Konjunktive Normalform (KN)

Die konjunktive Normalform einer Schaltfunktion besteht aus einer UND-Verknüpfung von ODER-Glieder. Jedes ODER-Glied enthält alle Eingangsvariablen der Funktion entweder in direkter oder in invertierter Form.

Beispiel für die KN einer Schaltfunktion:

$$y = (a \vee b \vee c) \wedge (a \vee b \vee \bar{c}) \wedge (a \vee \bar{b} \vee c)$$

2.4.2.3 Entwicklung der Normalform aus der Wahrheitstabelle

Sowohl die disjunktive als auch die konjunktive Normalform lassen sich aus der Wahrheitstabelle einer logischen Verknüpfung entwickeln.

Die Vorgehensweise soll an einem Beispiel gezeigt werden:

Gegeben sei die folgende Wahrheitstabelle einer Schaltfunktion mit den drei Eingangsvariablen a, b und c.

Nr.	a	b	c	y
0	0	0	0	1
1	0	0	1	0
2	0	1	0	1
3	0	1	1	0
4	1	0	0	1
5	1	0	1	1
6	1	1	0	1
7	1	1	1	0

Man erhält die disjunktive Normalform, wenn man alle die Glieder der Wahrheitstabelle zusammenfaßt, für die $y = 1$ ist.

$$y = (\bar{a} \wedge \bar{b} \wedge \bar{c}) \vee (\bar{a} \wedge b \wedge \bar{c}) \vee (a \wedge \bar{b} \wedge \bar{c}) \vee (a \wedge \bar{b} \wedge c) \vee (a \wedge b \wedge \bar{c})$$

Die konjunktive Normalform ergibt sich, wenn alle diejenigen Glieder der Wahrheitstabelle zusammengefaßt werden, für die $y = 0$ ist. Man erhält auf diese Weises die Funktion für $\bar{y}$.

$$\bar{y} = (\bar{a} \wedge \bar{b} \wedge c) \vee (\bar{a} \wedge b \wedge c) \vee (a \wedge b \wedge c)$$

Durch Anwendung des Inversionsgesetzes bekommt man die Funktion für y.

$$y = \bar{\bar{y}} = \overline{(\bar{a} \wedge \bar{b} \wedge c) \vee (\bar{a} \wedge b \wedge c) \vee (a \wedge b \wedge c)}$$

$$y = \overline{(\bar{a} \wedge \bar{b} \wedge c)} \wedge \overline{(\bar{a} \wedge b \wedge c)} \wedge \overline{(a \wedge b \wedge c)}$$

$$\underline{\underline{y = (a \vee b \vee \bar{c}) \wedge (a \vee \bar{b} \vee \bar{c}) \wedge (\bar{a} \vee \bar{b} \vee \bar{c})}}$$

2.4.3 Vereinfachung von Schaltfunktionen mit Hilfe des Karnaugh-Diagramms

Das Karnaugh-Diagramm beruht auf der Mengenlehre. Es stellt eine grafische Methode dar, mit der logische Funktionen in übersichtlicher Weise vereinfacht werden können.
In *Bild 2.4* ist dargestellt, wie die beiden möglichen Zustände $a = 0$ und $a = 1$ der binären Variablen a grafisch durch zwei benachbarte Rechtecke wiedergegeben werden können.
Die einfache Schaltfunktion $y = \overline{a}$ läßt sich dann dadurch darstellen, daß das Feld $a = 0$ $(\overline{a} = 1)$ durch eine 1 markiert wird.
Das Gleiche gilt für die Darstellung der Schaltvariablen b.
Für die Funktion $y = b$ wird dem Feld für b eine 1 eingeschrieben.
Für die Wiedergabe einer Funktion mit zwei Variablen a und b benötigt man vier Felder, die so nebeneinander liegen müssen, daß sich beim Übergang von einem Feld zu seinem Nachbarfeld jeweils nur eine der beiden Variablen verändert.
Wird jetzt in das Feld, das in der linken unteren Ecke liegt, eine 1 eingeschrieben, so hat man die Funktion $y = a \wedge \overline{b}$ gekennzeichnet.
Werden die diagonal gegenüberliegenden Felder links oben und rechts unten markiert, so liegt die Funktion $y = (\overline{a} \wedge \overline{b}) \vee (a \wedge b)$ vor. Auf diese Weise lassen sich alle vier möglichen Zustände einer Funktion, die zwei Variablen besitzt, darstellen.

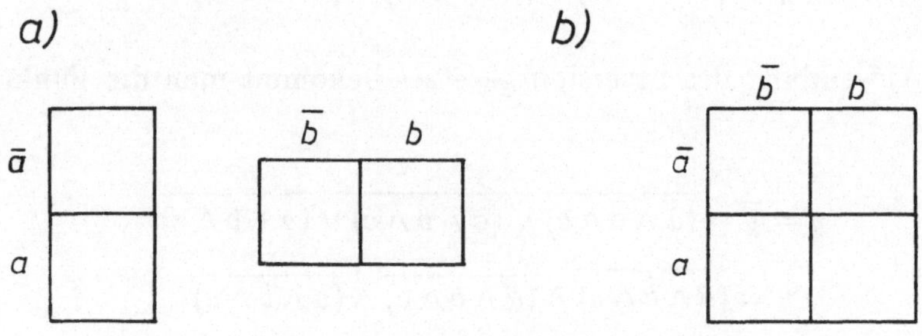

Bild 2.4 Karnaugh-Darstellung von Schaltfunktionen mit
a) einer Variable b) zwei Variablen

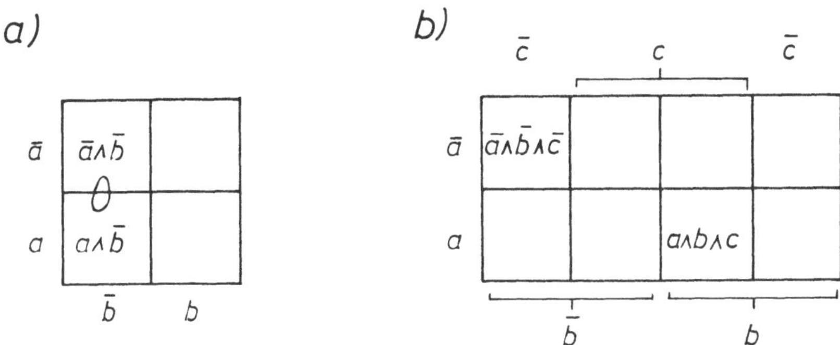

Bild 2.5 a) Vereinfachung der Funktion $y = (\bar{a} \wedge \bar{b}) \vee (a \wedge \bar{b})$
b) Karnaugh-Diagramm für drei Variablen

Bild 2.5 a zeigt, wie eine Schaltfunktion mit zwei Variablen, grafisch vereinfacht wird, Beispiel: $y = (\bar{a} \wedge \bar{b}) \vee (a \wedge \bar{b})$.
Man faßt die beiden benachbarten Felder der dargestellten Funktion durch eine Klammer zusammen. Die Variable, die sich beim Übergang vom dem einen zum anderen Feld ändert, wird entfernt. Es bleibt die vereinfachte Funktion übrig.
In dem vorliegenden Fall ist das Ergebnis $y = \bar{b}$.

Bild 2.5 b zeigt die Anordnung für eine Schaltfunktion mit drei Variablen a, b und c. Gemäß den acht möglichen Zuständen muß das Karnaugh-Diagramm jetzt acht Felder enthalten. Beim Übergang von einem Feld zum nächsten darf sich jeweils nur <u>eine</u> Variable verändern. Auch hier werden benachbarte Felder zur Vereinfachung der Funktion zusammengefaßt. *Bild 2.6* zeigt ein Beispiel.

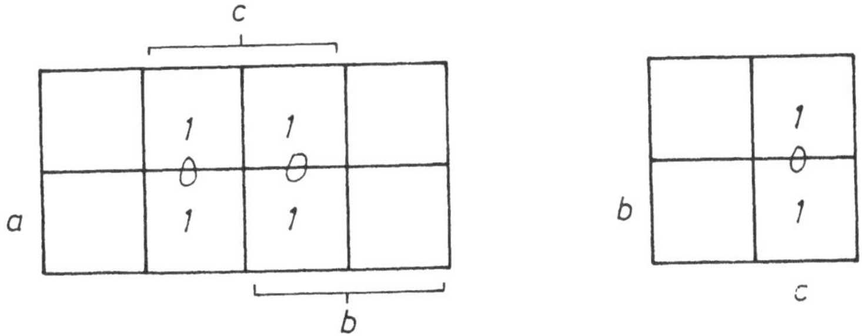

Bild 2.6 Vereinfachung einer Schaltfunktion mit drei Variablen

In *Bild 2.6* wird dargestellt, wie die Funktion
$y = (\bar{a} \wedge \bar{b} \wedge c) \vee (a \wedge \bar{b} \wedge c) \vee (\bar{a} \wedge b \wedge c) \vee (a \wedge b \wedge c)$
mit dem Karnaugh-Diagramm vereinfacht werden kann.
Der ausführliche Weg ist der, daß von den markierten vier Feldern zunächst je zwei benachbarte zusammengefaßt werden, z.B. die jeweils senkrecht übereinander stehenden Felder. In beiden Fällen ändert sich die Variable a, so daß die vereinfachte Funktion $y = (\bar{b} \wedge c) \vee (b \wedge c)$ entsteht.
Für diese Funktion mit nur noch zwei Variablen wird ein neues Diagramm erstellt, in dem wiederum die benachbarten Felder zusammengefaßt werden. Das Ergebnis ist: $\underline{\underline{y = c}}$.

Mit einiger Übung können aber auch alle vier benachbarten Felder zugleich zusammengefaßt werden. Es werden dann alle Variablen entfernt, die sich innerhalb des zusammengefaßten Areals ändern. Das sind in diesem Fall die Variablen a und b. Es ergibt sich also auch hier das Ergebnis $\underline{\underline{y = c}}$.

Übungsbeispiel:
Beweisen Sie
a) mit Hilfe der Booleschen Algebra, b) mittels Karnaugh-Diagramm, daß sich die Funktion $y = (\bar{a} \wedge \bar{b} \wedge \bar{c}) \vee (a \wedge \bar{b} \wedge \bar{c}) \vee (\bar{a} \wedge b \wedge \bar{c}) \vee (a \wedge b \wedge \bar{c})$ zu $y = \bar{c}$ vereinfacht.
<u>Lösung:</u>
a) $y = (\bar{a} \wedge \bar{b} \wedge \bar{c}) \vee (a \wedge \bar{b} \wedge \bar{c}) \vee (\bar{a} \wedge b \wedge \bar{c}) \vee (a \wedge b \wedge \bar{c})$
$= (a \vee \bar{a}) \wedge (\bar{b} \wedge \bar{c}) \vee (a \vee \bar{a}) \wedge (b \wedge \bar{c}) = (\bar{b} \wedge \bar{c}) \vee (b \wedge \bar{c})$
$= (\bar{b} \vee b) \wedge \bar{c} = \underline{\underline{\bar{c}}}$
b) Auch die vier außen liegenden Felder sind einander benachbart. Sie können daher zur Vereinfachung der Funktion zusammengefaßt werden.

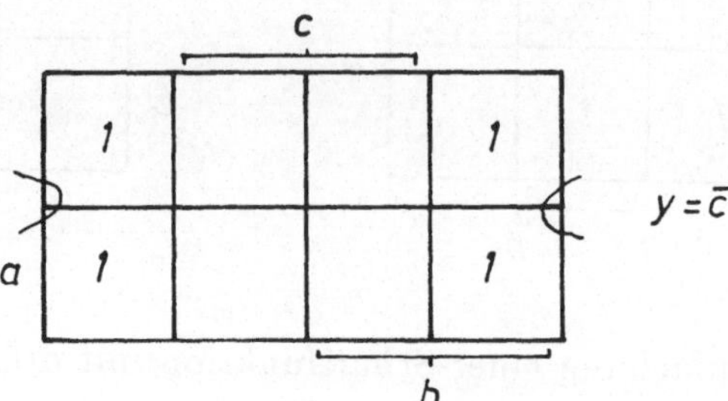

Wie *Bild 2.7* zeigt kann das Karnaugh-Diagramm auch für Funktionen mit vier Variablen aufgestellt werden. In diesem Fall muß das Diagramm 16 Felder enthalten entsprechend den 16 verschiedenen Kombinationen einer Schaltfunktion mit vier Variablen.

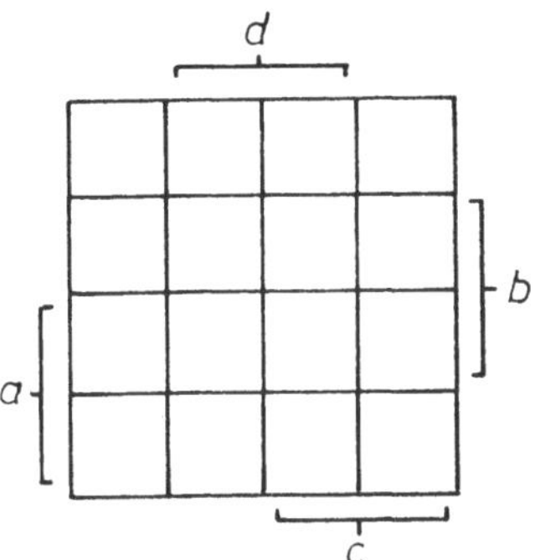

Bild 2.7 Karnaugh-Diagramm der Schaltfunktion mit vier Variablen

Übungsbeispiel:

In einer Fabrik werden vier Maschinenteile unterschiedlichen Gewichtes gefertigt. Teil a wiegt 50 kg, Teil b wiegt 30 kg, Teil c wiegt 15 kg und Teil d 40 kg. Die Maschinenteile laufen in zufälliger Reihenfolge vom Band und werden so verpackt, daß kein Teil doppelt vorkommt, und kein Paket über 65 kg wiegt.

Stellen Sie alle theoretisch möglichen Packkombinationen in einer Wahrheitstabelle zusammen und markieren Sie die verbotenen Kombinationen mit $y = 1$. Stellen sie daraus die Gleichung der verbotenen Kombinationen auf und vereinfachen Sie diese mit Hilfe des Karnaugh-Diagramms.

Lösung: Theoretisch sind 16 verschiedene Packkombinationen denkbar:

Nr	a	b	c	d	y
0	0	0	0	0	0
1	0	0	0	1	0
2	0	0	1	0	0
3	0	0	1	1	0
4	0	1	0	0	0
5	0	1	0	1	1
6	0	1	1	0	0
7	0	1	1	1	1

Nr	a	b	c	d	y
8	1	0	0	0	0
9	1	0	0	1	1
10	1	0	1	0	0
11	1	0	1	1	1
12	1	1	0	0	1
13	1	1	0	1	1
14	1	1	1	0	1
15	1	1	1	1	1

Die mit $y = 1$ bezeichneten Kombinationen führen zur Überschreitung des Gewichts und sind daher verboten. Die Gleichung der verbotenen Kombinationen lautet dann:

$$y = (\overline{a} \wedge b \wedge \overline{c} \wedge d) \vee (\overline{a} \wedge b \wedge c \wedge d) \vee (a \wedge \overline{b} \wedge \overline{c} \wedge d) \vee (a \wedge \overline{b} \wedge c \wedge d)$$
$$\vee (a \wedge b \wedge \overline{c} \wedge \overline{d}) \vee (a \wedge b \wedge \overline{c} \wedge d) \vee (a \wedge b \wedge c \wedge \overline{d}) \vee (a \wedge b \wedge c \wedge d)$$

Vereinfachung durch Karnaugh-Diagramm:

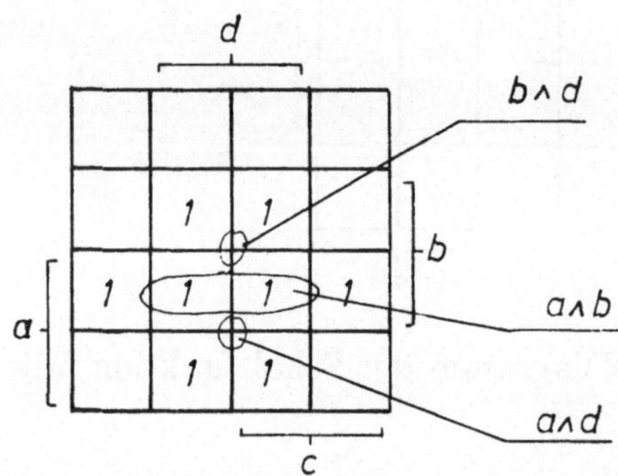

Es lassen sich die vier benachbarten waagerechten Felder zusammenfassen sowie die oberen vier und die unteren vier Felder. Die zwei Felder in der Mitte werden dabei insgesamt dreimal belegt.
Das Ergebnis der Vereinfachung lautet:

$$\underline{\underline{y = (a \wedge b) \vee (a \wedge d) \vee (b \wedge d)}}$$

Literatur über binäre Steuerungen und Anwendungen der Booleschen Algebra: [2] und [3].

3 Fuzzy Logik

Das englische Wort "fuzzy" bedeutet soviel wie "fusselig, ungeordnet, unscharf". Die Fuzzy Logik steht damit in Gegensatz zur üblichen Logik, bei der wir es mit scharf umrissenen Begriffen und mit den beiden exakt definierten Zuständen "wahr" und "falsch" zu tun haben, denen die binären Werte "1" und "0" zugeteilt sind.
Bei der Fuzzy Logik ist diese strenge Zuordnung aufgehoben zugunsten einer fließenden Zugehörigkeit, die zwischen 0 und 1 liegen kann. Dies entspricht den vielen unscharf formulierten Begriffen wie "ziemlich groß", "lauwarm", "sehr schnell", wie sie im täglichen Alltag üblich sind.

Beispiel:
Für die Lage eines Objekts auf einem Tisch kann man unscharfe Bereiche definieren wie "weit links", "links", "mittig", "rechts". Die Position des Gegenstandes läßt sich dann durch die Zugehörigkeit zu diesen unscharfen Bereichen ausdrücken.

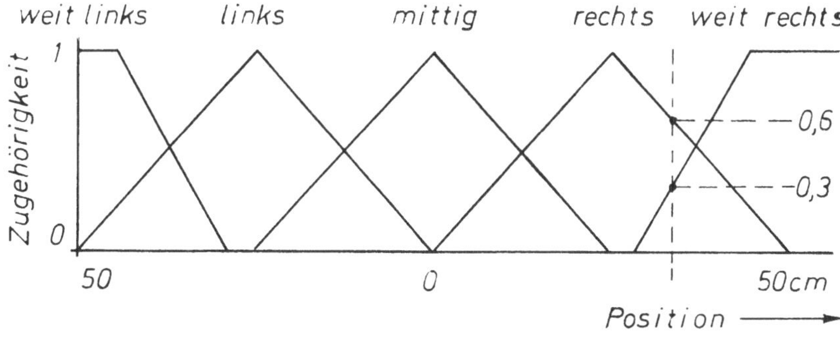

Bild 3.1 Unscharfe Bereiche und Zugehörigkeitsgrade

Im *Bild 3.1* ist die Lage durch folgende Zugehörigkeitsgrade gegeben:
0 zu den Bereichen "weit links", "links" und "mittig",
0,6 zum Bereich "rechts" und 0,3 zum Bereich "weit rechts".
Die Begrenzung der Bereiche durch Geraden ist für dieses Beispiel willkürlich gewählt. Es kann sich auch um beliebige Kurvenformen handeln.

Der Grad 0,5 der Zugehörigkeit des Elementes x zu einer Menge A wird mathematisch durch den Ausdruck $\mu_A(x) = 0,5$ dargestellt. Das bedeutet, die Zugehörigkeit von x zur Menge A ist 0,5 also 50 %.

Für die unscharfe Logik lassen sich gleiche Operationen wie für die scharfe Logik aufstellen.

3.1 Operatoren für das Fuzzy-UND

In der Mengenlehre wird die UND-Verknüpfung von Mengen durch die Schnittmenge dargestellt.

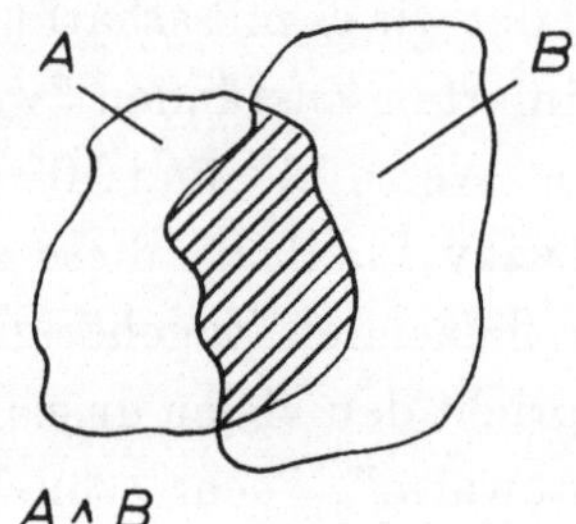

Bild 3.2 Schnittmenge

In der Fuzzy-Logik benutzt man entsprechend den Minimum-Operator:

$$\mu_{A\wedge B}(x) = min\{\mu_A(x); \mu_B(x)\} \tag{3.1}$$

Ein weiterer UND-Operator läßt sich finden,wenn man das algebraische Äquivalent der UND-Verknüpfung auswertet:
Für die scharfen logischen Zugehörigkeiten $\mu = 1$ und $\mu = 0$ wird das logische UND definiert durch den Ausdruck:

$$\mu_{A\wedge B} = \mu_A \cdot \mu_B$$

Beispiel: $a = 1 \;\; b = 1 \;\; a \wedge b = (1 \cdot 1) = 1$
$a = 0 \;\; b = 1 \;\; a \wedge b = (0 \cdot 1) = 0$

Für das Fuzzy-UND ergibt sich daraus der Produkt-Operator:

$$\mu_{A\wedge B}(x) = \mu_A(x) \cdot \mu_B(x) \tag{3.2}$$

Ein dritter Operator läßt sich finden zu:

$$\mu_{A\wedge B}(x) = max\{0; [\mu_A(x) + \mu_B(x) - 1]\} \tag{3.3}$$

Jeder der Operatoren hat seine Berechtigung. Es können weitere Operatoren definiert werden. Die Auswahl hängt von der Art des Problems ab, für das das Fuzzy-UND eingesetzt werden soll.

3.2 Operatoren für das Fuzzy-ODER

In ähnlicher Weise lassen sich für das Fuzzy-Oder Operatoren aufstellen. In der Mengenlehre wird die ODER-Verknüpfung von Mengen durch die Vereinigungsmenge dargestellt.

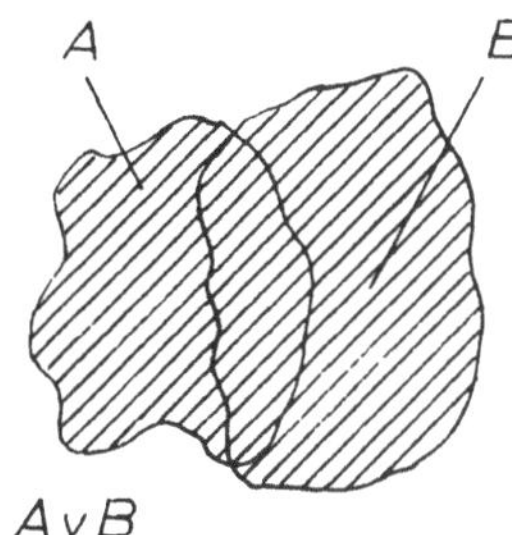

Bild 3.3 Vereinigungsmenge

In der Fuzzy-Logik benutzt man entsprechend den Maximum-Operator:

$$\mu_{(A \vee B)}(x) = max\{\mu_A(x); \mu_B(x)\} \tag{3.4}$$

Das algebraische Äquivalent der ODER-Verknüpfung lautet:

$$\mu_{(A \vee B)} = \mu_A + \mu_B - \mu_A \cdot \mu_B$$

Beispiel: $a = 1 \quad b = 1 \quad a \vee b = (1 + 1 - 1 \cdot 1) = 1$
$a = 0 \quad b = 1 \quad a \vee b = (0 + 1 - 0 \cdot 1) = 1$
$a = 0 \quad b = 0 \quad a \vee b = (0 + 0 - 0 \cdot 0) = 0$

Für das Fuzzy-ODER ergibt sich daraus folgender Operator:

$$\mu_{(A \vee B)}(x) = \mu_A(x) + \mu_B(x) - \mu_A(x) \cdot \mu_B(x) \tag{3.5}$$

Ein dritter Operator für das Fuzzy-ODER lautet:

$$\mu_{(A \vee B)}(x) = min\{1; [\mu_A(x) + \mu_B(x)]\} \tag{3.6}$$

Auch hier können weitere Operatoren definiert werden.

3.3 Fuzzy-Negation

Für die Negation gilt:

$$\mu_{\overline{A}}(x) = 1 - \mu_A(x) \tag{3.7}$$

Es muß sich hier allerdings um normalisierte Mengen handeln, d.h. die Werte der Zugehörigkeitsgrade müssen zwischen 0 und 1 liegen.

Beispiele zu den Fuzzy-Operatoren

Es sei $\mu_A = 0,4$ und $\mu_B = 0,6$.

1) Wie groß sind die Zugehörigkeitsgrade der Fuzzy-UND-Verknüpfung?

1a) Nach dem Minimum-Operator ergibt sich:

$$\mu_{(A \wedge B)} = min\{0,4; 0,6\} = 0,4$$

1b) Der Produkt-Operator ergibt:

$$\mu_{(A \wedge B)} = 0,4 \cdot 0,6 = 0,24$$

1c) Mit dem Operator der Gleichung (3.3):

$$\mu_{(A \wedge B)} = max\{0; [0,4 + 0,6 - 1]\} = 0$$

2) Die Zugehörigkeitsgrade der Fuzzy-ODER-Verknüpfung sind:

2a) mit dem Maximum-Operator:

$$\mu_{(A \vee B)} = max\{0,4; 0,6\} = 0,6$$

2b) mit dem Operator nach Gleichung (3.5):

$$\mu_{(A \vee B)} = 0,4 + 0,6 - 0,4 \cdot 0,6 = 0,76$$

2c) mit dem Operator nach Gleichung (3.6):

$$\mu_{(A \vee B)} = min\{1; (0,4 + 0,6)\} = 1$$

3.4 Kompensatorische Operatoren

Kompensatorische Operatoren sind Operatoren, die zwischen UND und ODER liegen.

3.4.1 λ-Operator

$$\mu_{(A\lambda B)}(x) = \lambda\cdot[\mu_A(x)\cdot\mu_B(x)] + (1-\lambda)\cdot[\mu_A(x)+\mu_B(x)-\mu_A(x)\cdot\mu_B(x)]$$

$$mit\ 0 \leq \lambda \leq 1 \tag{3.8}$$

Mit λ läßt sich festlegen, wo der Operator zwischen reinem ODER und reinem UND liegen soll.

$\lambda = 0$: Reines ODER: $\mu_{(A\lambda B)}(x)|_{\lambda=0} = \mu_A(x)+\mu_B(x)-\mu_A(x)\cdot\mu_B(x)$

$\lambda = 1$: Reines UND: $\mu_{(A\lambda B)}(x)|_{\lambda=1} = \mu_A(x)\cdot\mu_B(x)$

3.4.2 γ-Operator

$$\mu_{(A\gamma B)}(x) = [\mu_A(x)\cdot\mu_B(x)]^{1-\gamma}\cdot[1-(1-\mu_A(x))\cdot(1-\mu_B(x))]^{\gamma}$$

$$mit\ 0 \leq \gamma \leq 1 \tag{3.9}$$

Mit γ läßt sich festlegen, wo der Operator zwischen reinem UND und reinem ODER liegen soll.

$\gamma = 0$: Reines UND: $\mu_{(A\gamma B)}(x)|_{\gamma=0} = \mu_A(x)\cdot\mu_B(x)$

$\gamma = 1$: Reines ODER: $\mu_{(A\gamma B)}(x)|_{\gamma=1} = 1-(1-\mu_A(x))\cdot(1-\mu_B(x))$
$= \mu_A(x)+\mu_B(x)-\mu_A(x)\cdot\mu_B(x)$

3.5 Rechengesetze für die Fuzzy-Logik

Distributives Gesetz

Für die Boole-Logik gilt:

$a \wedge (b \vee c) = (a \wedge b) \vee (a \wedge c)$

Mit den Operatoren für Fuzzy-UND und Fuzzy-ODER läßt sich schreiben:

$$min\{\mu_A; max(\mu_B; \mu_C)\} = max\{min(\mu_A; \mu_B)\ ; min(\mu_A; \mu_C)\} \quad (3.10)$$

Das distributive Gesetz gilt auch für die Fuzzy-Logik, wenn mit normalisierten Zugehörigkeitsgraden gerechnet wird, d.h. μ_A, μ_B und μ_C liegen zwischen 0 und 1.

Beispiel: $\mu_A = 0,4 \quad \mu_B = 0,6 \quad \mu_C = 0,3$

$min\{0,4\ ; max(0,6\ ; 0,3)\} = 0,4$

$max\{min(0,4\ ; 0,6); min(0,4\ ; 0,3)\} = 0,4$

Das Gleiche läßt sich beweisen für:

$a \vee (b \wedge c) = (a \vee b) \wedge (a \vee c)$

$$max\{\mu_A; min(\mu_B; \mu_C)\} = min\{max(\mu_A; \mu_B)\ ; max(\mu_A; \mu_C)\} \quad (3.11)$$

Inversionsgesetz

$\overline{(a \wedge b)} = \overline{a} \vee \overline{b}$

$\mu_{\overline{(A \wedge B)}} = 1 - min\{\mu_A; \mu_B\} \qquad \mu_{(\overline{A} \vee \overline{B})} = max\{(1 - \mu_A)\ ; (1 - \mu_B)\}$

Beweis:

Für zwei reelle Zahlen $0 \leq a \leq 1 \quad 0 \leq b \leq 1$ gilt:

	$1 - min(a; b)$	$max[(1-a)\ ; (1-b)]$
$a > b$	$1 - b$	$1 - b$
$a < b$	$1 - a$	$1 - a$
$a = b$	$1 - a = 1 - b$	$1 - a = 1 - b$

$\overline{(a \vee b)} = \overline{a} \wedge \overline{b}$

$\mu_{\overline{(A \vee B)}} = 1 - max\{\mu_A; \mu_B\} \qquad \mu_{(\overline{A} \wedge \overline{B})} = min\{(1 - \mu_A)\ ; (1 - \mu_B)\}$

	$1 - max(a; b)$	$min[(1-a)\ ; (1-b)]$
$a > b$	$1 - a$	$1 - a$
$a < b$	$1 - b$	$1 - b$
$a = b$	$1 - a = 1 - b$	$1 - a = 1 - b$

Das De Morgan Gesetz gilt also auch für die Fuzzy-Logik, wenn μ_A und μ_B normalisierte Zugehörigkeitsgrade sind.

3.6 Beispiel für Entscheidungsfindung mittels Fuzzy-Logik

Für einen Maschinentyp soll entschieden werden, in welchen von mehreren vorgesehenen Betriebszuständen die Maschine optimal eingesetzt werden kann. In Versuchsreihen sind folgende Zugehörigkeitsgrade gefunden worden:

μ_A Zugehörigkeit zur unscharfen Menge "geringe Umweltbelastung" (geringe Geräuschentwicklung, wenig schädliche Abgase usw.)

μ_B Zugehörigkeit zur unscharfen Menge "hoher Kundennutzen" (hohe Leistung, geringer Verschleiß usw.)

Zustand	μ_A	μ_B
1	0,5	0,2
2	0.3	0,4
3	0,2	0,6
4	0,6	0,8
5	0,8	0,6
6	0,7	0,5

Das folgende Bild zeigt den Verlauf der Zugehörigkeitsfunktionen:

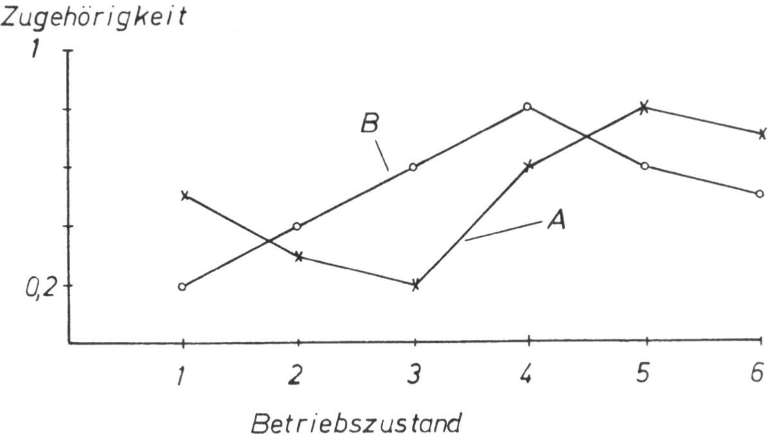

Zugehörigkeitsfunktionen für "geringe Umweltbelastung", A, und für "hohen Kundennutzen", B.

Für die Fuzzy-UND-Verknüpfung der Zugehörigkeiten ergeben sich folgende Werte:

Zustand	UND_1 (Gl. 3.1)	UND_2 (Gl. 3.2)	UND_3 (Gl. 3.3)
1	0,2	0,1	0
2	0.3	0,12	0
3	0,2	0,12	0
4	0,6	0,48	0,4
5	0,6	0,48	0,4
6	0,5	0,35	0,2

Für die Fuzzy-ODER-Verknüpfung ergeben sich die Werte wie folgt:

Zustand	$ODER_1$ (Gl. 3.4)	$ODER_2$ (Gl. 3.5)	$ODER_3$ (Gl.3.6)
1	0,5	0,6	0,7
2	0,4	0,58	0,7
3	0,6	0,68	0,8
4	0,8	0,92	1,0
5	0,8	0,92	1,0
6	0,7	0,85	1,0

Die entsprechenden Zugehörigkeitsfunktionen zeigt das folgende Bild:

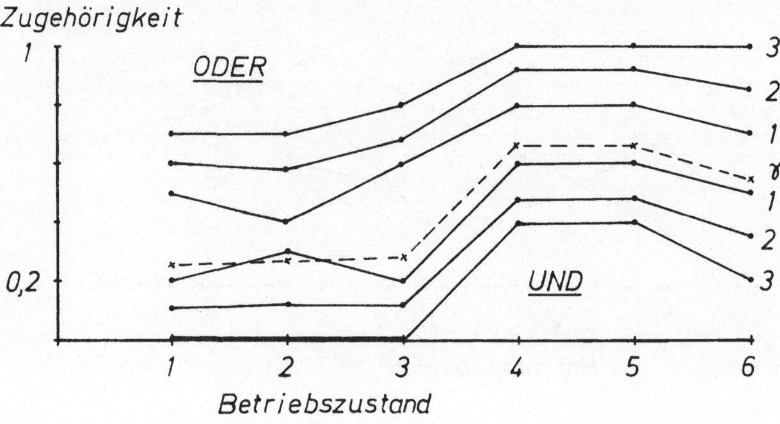

Zugehörigkeitsfunktionen zu Fuzzy-UND und Fuzzy-ODER mit verschiedenen Fuzzy-Operatoren.

Die UND-Verknüpfung berücksichtigt beide Bedingungen, nämlich daß sowohl die Umweltbelastung gering sein soll als auch ein hoher Kundennutzen vorhanden sein muß.
Notwendigerweise ergibt sich daraus eine mehr pessimistische Entscheidung, weil Kompromisse geschlossen werden müssen.
Die UND-Verknüpfungen nach den Operatoren (Gl. 3.2 und 3.3) führen sogar zu noch pessimistischeren Entscheidungen. Sie dürften daher im vorliegenden Fall wohl nicht zur Anwendung kommen.

Für die ODER-Verknüpfung genügt es bereits, daß eine Bedingung erfüllt ist.
Es kommt dadurch zu einer mehr optimistischen Entscheidung.
Die ODER-Verknüpfungen nach den Operatoren (Gl. 3.5 und 3.6) sind zu optimistisch.
Welche Verknüpfung und welcher Operator in Frage kommt, richtet sich nach den Umständen des vorliegenden Problems. In diesem Fall dürfte das UND nach Gl. 3.1 richtig sein. Die Betriebszustände 4 und 5 werden als optimal angesehen.

Zum Vergleich sei eine Fuzzy-Verknüpfung zwischen UND und ODER gewählt, (γ-Operator nach Gl. 3.9 mit $\gamma = 0,5$):

Zustand	γ-Operator (Gl. 3.9)
1	0,25
2	0,27
3	0,28
4	0,66
5	0,66
6	0,54

Auch hier ergibt sich eindeutig, daß die Zustände 4 und 5 zu bevorzugen sind. Jedoch macht sich der Einfluß der ODER- Verknüpfung deutlich bemerkbar. Die Zugehörigkeitsfunktion wird insgesamt angehoben.
Literatur zu Fuzzy Logik [8], [9].

4 Steuereinrichtungen für Verknüpfungssteuerungen

Verknüpfungssteuerungen können auf verschiedene Art und Weise technisch realisiert werden. Die Bandbreite reicht von einfachen mechanischen Verriegelungen bis zu komplizierten Schaltprogrammen auf der Basis der Speicherprogrammierbaren Steuerung oder des Computers. Im Folgenden sind zur Veranschaulichung einige Beispiele dargestellt.

4.1 Mechanische Verriegelungen

Bild 4.1 zeigt je ein Beispiel für ein mechanisches UND und ein mechanisches ODER.

a) Mechanisches UND :

Nur der passende Schlüssel, bei dem alle federbelasteten Sperrstifte soweit zurückgeschoben werden, daß sie gerade mit der Trennfuge zwischen Zylinder und Gehäuse abschließen, läßt eine Drehung des Schloßzylinders zu. Also nur dann, wenn Stift 1 UND Stift 2 UND Stift 3 sich in der richtigen Stellung befinden, kann das Schloß geöffnet werden.

b) Mechanisches ODER :

Stift c wird vorwärts bewegt, wenn Knopf a ODER Knopf b gedrückt wird, oder wenn beide gedrückt werden.

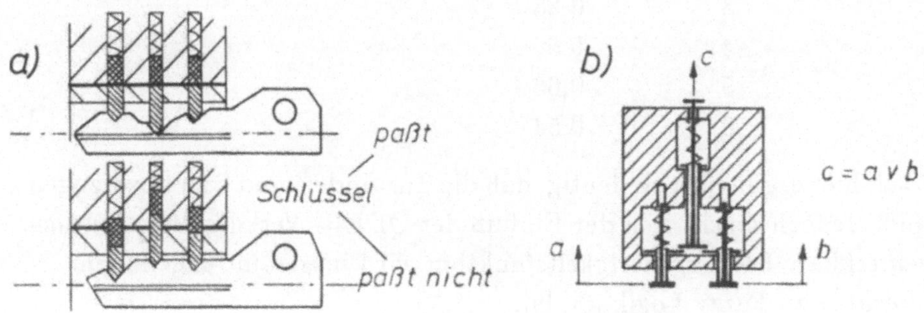

Bild 4.1 Mechanische Verknüpfungen

4.2 Pneumatische Verknüpfungen

Bild 4.2 zeigt zwei Beispiele für pneumatische Logikelemente.

Bei dem ODER-Element gibt die Kugel den Luftstrom zum Ausgang y frei, wenn der Eingang a oder der Eingang b oder wenn beide Eingänge Druck führen.

Bei dem UND-Element müssen sowohl der Eingang a als auch der Eingang b Druck führen, damit der Schieber in Mittelstellung geht und der Ausgang y freigegeben wird.

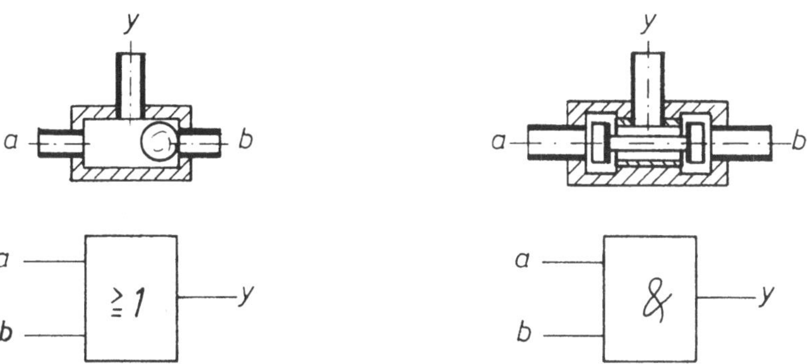

Bild 4.2 Pneumatische Logikbausteine

Pneumatische Verknüpfungen werden häufig auch mit pneumatischen Schaltventilen aufgebaut.

Bild 4.3 zeigt das Beispiel einer pneumatischen Sperre. Der Druck y vor dem Kolben kann sich nur dann aufbauen, wenn das Ventil a betätigt wird und das Ventil b gleichzeitig nicht betätigt wird. b sperrt den Druckaufbau. Der Kolben kann also nur ausfahren bei der logischen Kombination $(a \wedge \bar{b})$.

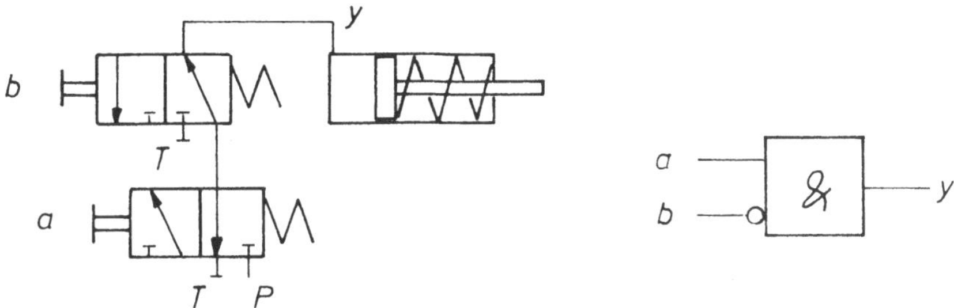

Bild 4.3 Pneumatische Verknüpfung

4.3 Hydraulische Verknüpfungssteuerungen

Binäre hydraulische Steuerungen werden mit 3/2-Wegeventilen realisiert. Diese Ventile besitzen drei Anschlüsse und zwei Schaltstellungen. *Bild 4.4* zeigt die Steuerung eines hydraulischen Zylinders mit binären Schaltventilen.

Je nach der Zusammenschaltung der Ventile lassen sich UND-, ODER- oder NICHT-Funktionen erzeugen.

Das Steuersignal ist ein hydraulischer Druck, der ein 4/2-Wegeventil steuert.

Hydraulische Schaltventile können mechanisch, z.B. über Nocken, betätigt werden. Sie lassen sich auch elektrisch über Schaltmagnete steuern oder werden von einer vorgeschalteten hydraulischen Vorstufe bewegt.

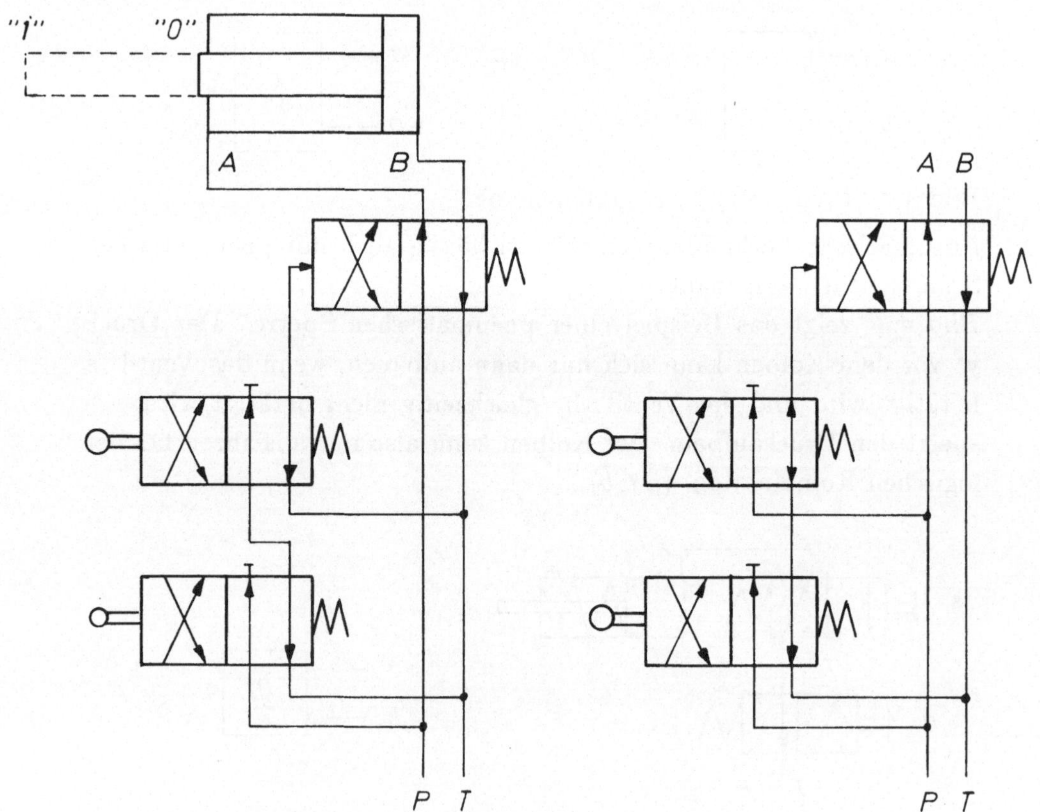

Bild 4.4 Binäre hydraulische Steuerung eines Vorschubzylinders

4.4 Elektrische Steuereinrichtungen

Binäre elektrische Verknüpfungen lassen sich mit Hilfe von elektrischen Kontakten, die von Hand oder durch Relais und Schütze geschaltet werden, realisieren.
Relais sind Schalter mit elektromagnetischem Antrieb, die mit geringen elektrischen Spannungen angesteuert werden und kleine elektrische Leistungen schalten. Üblich sind 5 V bzw. 24 V Eingangsspannung und Schaltleistungen in der Größenordnung bis zu wenigen Watt Sie dienen zum Schalten von Melde- und Anzeigegeräten oder zur Übertragung binärer Informationen.
Schütze sind elektromagnetisch angetriebene Schalter, mit denen grössere elektrische Leistungen geschaltet werden. Man benutzt sie zum direkten Ansteuern elektrischer Motoren oder Verbraucher.
Die Anordnung der Kontakte im Stromkreis bestimmt die logische Funktion der Steuerung.
Eine Reihenschaltung mehrerer Kontakte bedeutet eine UND-Verknüpfung, eine Parallelschaltung stellt eine ODER-Verknüpfung dar.
Es werden Ruhekontakte und Arbeitskontakte, Öffner und Schließer verwendet. Durch einen Ruhekontakt wird das Steuersignal invertiert.

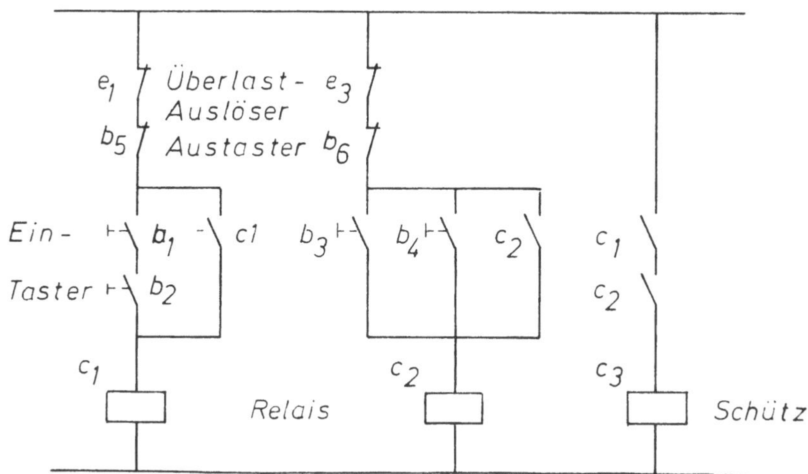

Bild 4.5 Elektrische Kontaktsteuerung

a) Die Hintereinanderschaltung der beiden Kontakte a und b ergibt eine UND-Funktion für das Relais y . Da der Relaiskontakt als Öffner ausgebildet ist, ergibt sich für die Lampe die Funktion $x = \overline{(a \wedge b)}$.

b) Die Parallelschaltung der drei Kontakte a , b und c führt zur UND-Funktion für das Relais y . Da jedoch der Kontakt b als Öffner ausgeführt ist, lautet die Funktion für das Relais $y = a \wedge \bar{b} \wedge c$. Der Kontakt des Relais ist ein Schließer. Deshalb lautet die Funktion für die Lampe ebenfalls $x = a \wedge \bar{b} \wedge c$.

4.5 Elektronische Steuereinrichtungen

Bei den binären elektronischen Steuerungen wird die Steuerfunktion durch eine entsprechende Schaltung von elektronischen Halbleiterbausteinen (Dioden und Transistoren in Verbindung mit Widerständen und Kondensatoren) erzeugt, *Bild 4.6.*

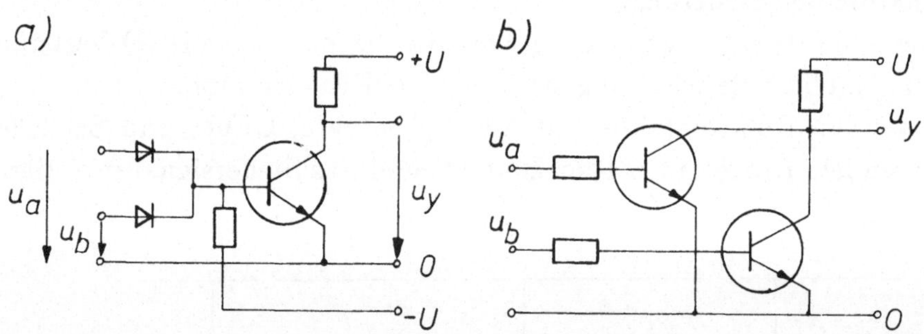

Bild 4.6 a) NOR-Schaltung mit Dioden, Widerständen und Transistor
b) NOR-Schaltung nur aus Widerständen und Transistoren

Bei der Schaltung a) wirken die Eingangsspannungen u_a und u_b auf die Basis des Transistors und schalten diesen durch. Dadurch wird die Ausgangsspannung u_y auf 0 V gezogen.
Die Funktion dieser Schaltung lautet: $y = \overline{(a \vee b)}$.

Die Schaltung b) wirkt in gleicher Weise. Nur werden hier die beiden Transistoren einzeln durchgeschaltet. Schaltung b) ist günstiger, weil hier die logische Verknüpfung erst im Ausgangskreis geschieht. Dadurch ist die Schaltung weniger störanfällig.

An die Stelle der Schaltungen mit diskreten Bauteilen sind inzwischen hochintegrierte Halbleiterbausteine mit speziellen Funktionen getreten. Große Bedeutung haben integrierte Schaltkreise, sogenannte IC's in TTL-Technik (Transistor-Transistor-Logik) erlangt. In *Bild 4.7* ist der Aufbau eines integrierten TTL-Bausteins gezeigt.

Integrierte Schaltkreise in TTL-Technik arbeiten mit Spannungssignalen zwischen 0 und 5 V Gleichspannung.

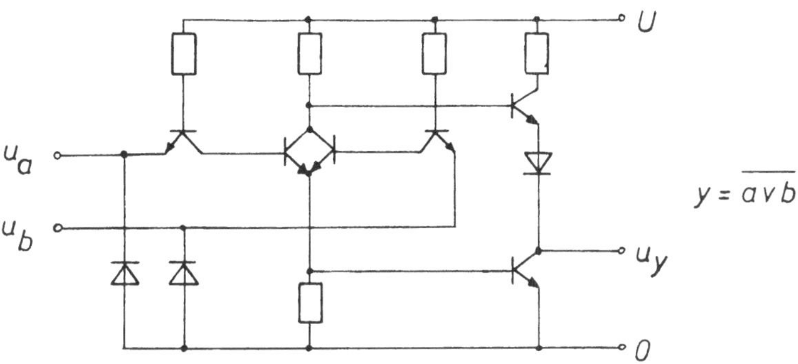

Bild 4.7 Aufbau eines integrierten Bausteins in TTL Version

Bei den bislang betrachteten Steuerungen ist die Funktion der Steuerung unabhängig davon, ob sie mechanisch, pneumatisch, hydraulisch oder elektrisch durchgeführt wird, durch die Anordnung und Verbindung einzelner Schaltelemente festgelegt. Man spricht in diesem Fall von einer "Verbindungsprogrammierten Steuerung", VPS.
Im Gegensatz dazu steht die "Speicherprogrammierte Speicherung", SPS, bei der die Funktion der Steuerung durch die Befehlsfolge eines Rechenprogramms festgelegt ist vgl. Kap. 8 .

5 Ablaufsteuerungen

Bei der Ablaufsteuerung wird der Steuerprozeß in definierten Schritten durchlaufen.

Das Weiterschalten zum nächsten Schritt erfolgt in Abhängigkeit von der Zeit bei der "zeitabhängigen Ablaufsteuerung" und in Abhängigkeit vom Prozeß bei der "prozeßabhängigen Ablaufsteuerung".

Die Bedingungen für den zeitabhängigen Ablauf können zum Beispiel sein, daß eine bestimmte Wartezeit abgewartet wird oder daß die Schritte nach einem bestimmten Zeitprogramm durchlaufen werden sollen.

Die Bedingungen für den prozeßabhängigen Ablauf sind Ereignisse, die im Prozeß selbst auftreten: eine bestimmte Füllhöhe wird erreicht oder ein bestimmter Betriebszustand ist eingetreten.

Während der einzelnen Prozeßschritte müssen die gerade vorliegenden Prozeßzustände erhalten bleiben. Dazu sind entsprechende Speicherbausteine erforderlich.

5.1 Speicherelemente

5.1.1 RS-Speicher

Einen Reset-Set-Speicher (RS-Speicher) kann man sich, wie *Bild 5.1* zeigt, aus zwei NOR-Bausteinen zusammengesetzt denken.

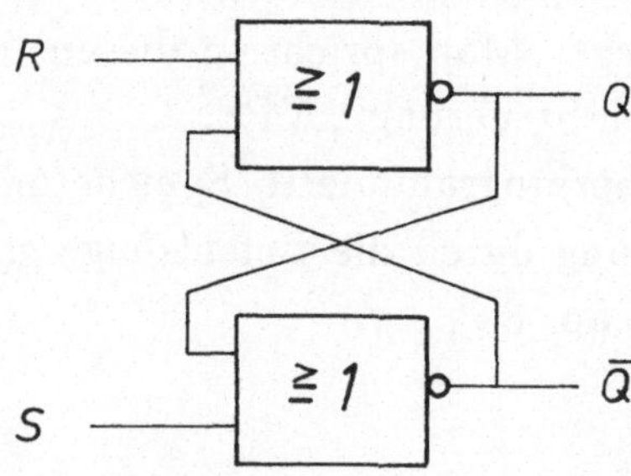

Schritt	S	R	Q	$\bar{Q}$
	0	0	*	*
1	1	0	1	0
2	0	0	1	0
3	0	1	0	1
4	0	0	0	1

* * wie vorher

Bild 5.1 RS-Speicher aus zwei NOR

Wie die rechts in Bild 5.1 aufgestellte Schritt-Tabelle zeigt, geht der Ausgang des Speichers auf "1", wenn der Setzeingang auf "1" gegangen ist. Er bleibt unabhängig vom Zustand des Set-Eingangs solange in dieser Lage, bis der Reset-Eingang auf "1" geht.

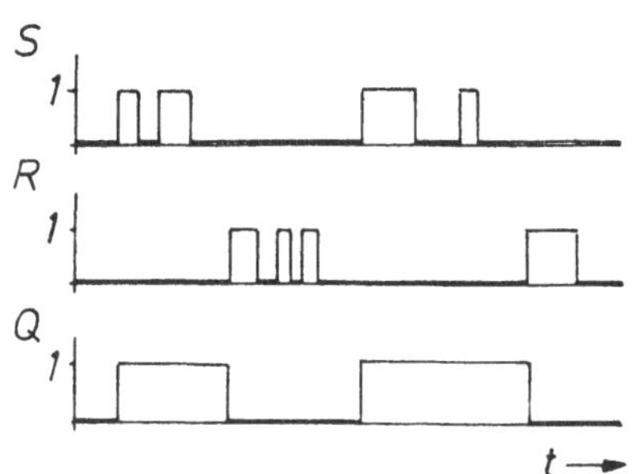

In *Bild 5.2* ist das Zeitdiagramm des RS-Speichers dargestellt
Wird ein "1" Signal an S gelegt, so wird der Speicher gesetzt. Weitere Signale an S haben keinen Einfluß. Wird ein "1" Signal an R gelegt, so wird der Speicher gelöscht. Weitere Signale an R haben keinen Einfluß.

Bild 5.2 Zeitdiagramm des RS-Speichers

Beim RS-Speicher aus zwei NOR ist der Zustand, daß an S und R gleichzeitig "1" Signale anliegen, nicht erlaubt.
Man kann diesen Zustand durch eine Zusatzschaltung verhindern, die dafür sorgt, daß in einem solchen Fall z.B. nur das Signal an R wirksam werden kann *Bild 5.3* .

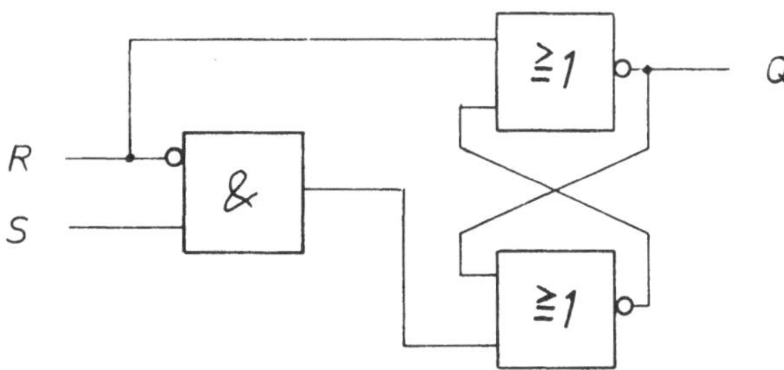

Bild 5.3 Speicher mit Prioritätsschaltung für das Reset-Signal

Auf ähnliche Art und Weise läßt sich ein RS-Speicher aus zwei NAND-Bausteinen aufbauen.
RS-Speicher sind als integrierte Bauelemente erhältlich. *Bild 5.4* zeigt das Schaltsymbol für einen RS-Speicher. Das geschwärzte Rechteck gibt den Zustand an, den das Element nach dem Einschalten der Spannungsversorgung annimmt. In dem gezeigten Fall ist das der Zustand $Q = 0$.

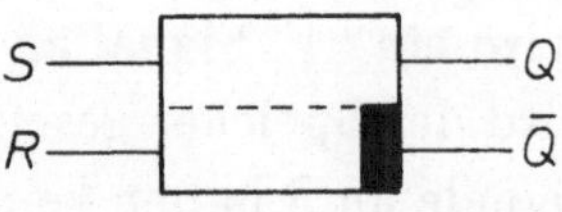

S	R	Q
0	0	0
1	0	1
0	1	0
1	1	verboten

Bild 5.4 Schaltsymbol des RS-Speichers

5.1.2 Getakteter RS-Speicher

Werden die Eingänge des Speichergliedes jeweils über ein UND-Glied mit einem Taktsignal T beaufschlagt, *Bild 5.5*, so werden die über S bzw. R vorgewählten Zustände erst mit dem Auftreten des Taktsignals (T = 1) wirksam.

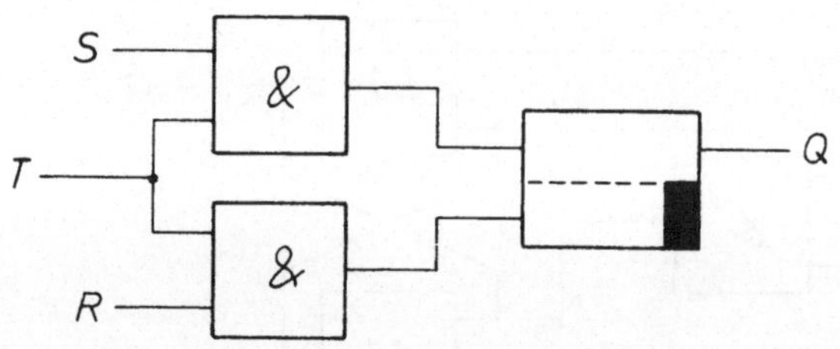

Bild 5.5 Getakteter RS-Speicher

Aus dem Zeitdiagramm in *Bild 5.5* geht die Wirkung der Taktung über die vorgeschalteten UND-Glieder hervor.
Aus zwei in Reihe geschalteten getakteten Speichern entsteht das in *Bild 5.6* gezeigte flankengetriggerte Speicherglied, auch dynamischer Speicher genannt.

5.1.3 Dynamisches Speicherglied

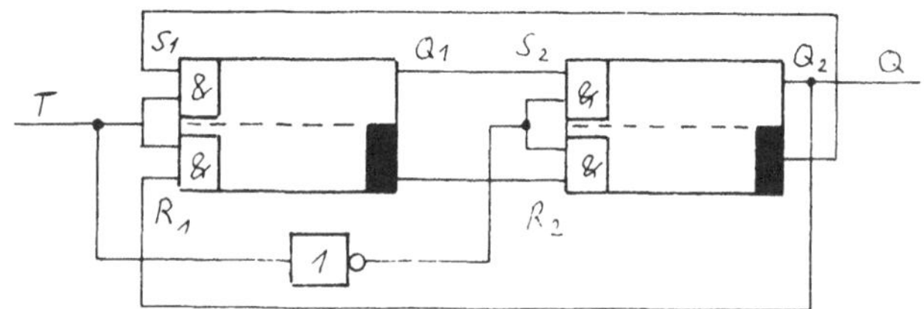

Bild 5.6 Dynamischer Speicher aus zwei getakteten RS-Speichern

Nach dem Einschalten der Versorgungsspannung führen die positiven Ausgänge der RS-Glieder "0"-Signale und die negativen "1"-Signale. Dadurch ist der Eingang S_1 auf "1" vorbereitet. Das erste Speicherglied schaltet mit der positiven Flanke des Taktsignals T auf "1" und bereitet damit das zweite Speicherglied an S_2 vor. Dieses wird dann mit der negativen Flanke von T durchgeschaltet. Also geht $Q = Q_2$ mit der ersten negativen Flanke von T auf "1".
Jetzt liegt an R_1 eine "1" an. Speicher 1 ist daher auf "0" vorbereitet. Bei der nächsten positiven Flanke von T geht Q_1 auf "0". $S_2 = 0$ $R_2 = 1$ bereiten das zweite Speicherglied auf "0" vor. Q_2 und damit Q wird also bei der nachfolgenden negativen Flanke von T auf "0" zurückgehen.
Mit dem nächsten Taktimpuls wiederholt sich das Spiel. Die erste negative Flanke schaltet Q auf "1", die folgende schaltet den Ausgang zurück auf "0".

Bild 5.7 zeigt Schaltsymbol und Zeitdiagramm für den dynamischen Speicher. In diesem Fall erfolgt die Triggerung durch das negative Taktsignal. Es ist ebenso eine Triggerung durch das positive Taktsignal möglich.

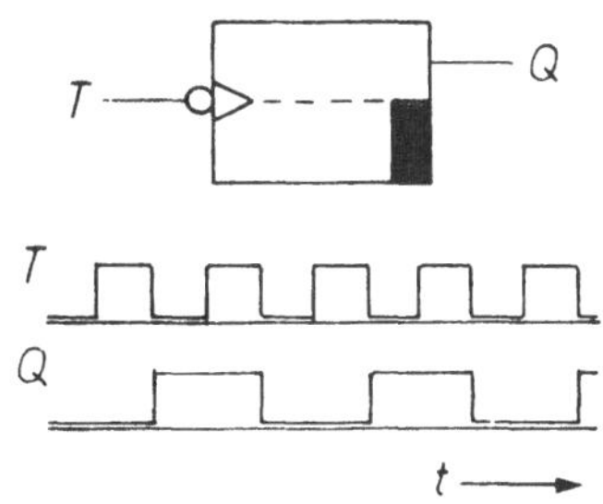

Bild 5.7 Dynamischer Speicher

5.1.4 Das JK-Flip-Flop

Das JK-Flip-Flop ist ein dynamisches Speicherglied, dessen Ausgänge Q und $\overline{Q}$ über UND-Glieder intern mit den Eingängen Reset und Set des Speichers verbunden sind, *Bild 5.8* . Die UND-Glieder werden über die Eingänge J und K aktiviert.

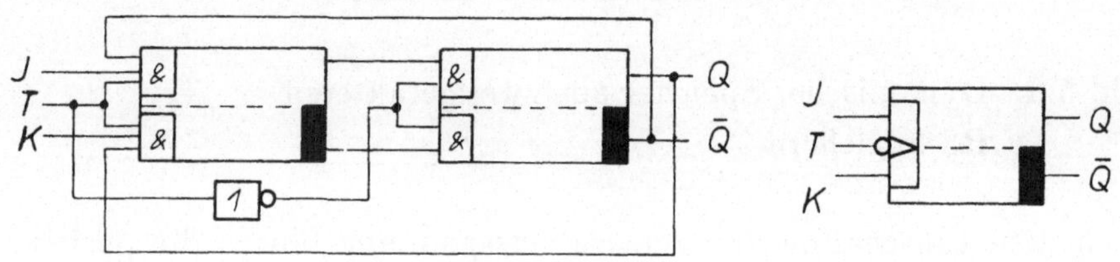

Bild 5.8 Funktionsplan und Schaltsymbol des JK-Flip-Flops

Anders als bei einem RS-Glied dürfen beim JK-Speicher an beiden Eingängen J und K gleichzeitig "1"-Signale anliegen. Das Flip-Flop schaltet dann bei der nächsten Flanke am Timereingang T in den jeweils anderen Zustand um, *Bild 5.9* .

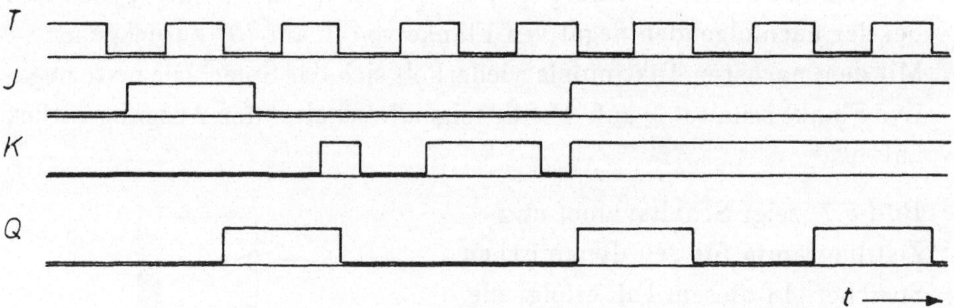

Bild 5.9 Signal-Zeit-Diagramm des JK-Flip-Flops

Das Signal-Zeit-Diagramm, *Bild 5.9* , und die Wahrheitstabelle, *Tabelle 5.1* , zeigen, wie der Ausgang Q durch die "1" an J und der Ausgang $\overline{Q}$ durch die "1" an K vorbereitet werden. Beim nächsten negativen Impuls an T werden diese Zustände durchgeschaltet.

Wenn der Umschaltmodus vorgewählt ist, "1" an J und K gleichzeitig, kann man das Flip-Flop auch als Frequenzteiler auffassen. Die Freqenz einer an T anliegenden Impulsfolge hat am Ausgang eine Impulsfolge mit der halben Frequenz zur Folge.

Tabelle 5.1 Funktionstabelle des JK-Flip-Flops

T	J	K	Q	$\overline{Q}$
x	x	x	0	1
	0	0	*	*
	1	0	1	0
	0	1	0	1
	1	1	Toggle	
1	x	x	*	*

x = beliebiger Zustand   Toggle = hin- und herschalten

= negative Flanke   * = der alte Zustand bleibt erhalten

5.1.5 Die Zählkette

Das dynamische Speicherglied wirkt wie ein Frequenzteiler, der die Taktfrequenz auf die Hälfte herabsetzt. Deshalb kann man, wenn man mehrere dynamische Speicher in Reihe schaltet, eine sogenannte Zählkette aufbauen, die die Anzahl der am Eingang ankommenden Taktimpulse in eine Binärzahl umwandelt. Die Breite des Bitmusters am Ausgang des Zählers ergibt sich aus der Zahl der hintereinander geschalteten Speicher.
Aus vier hintereinander geschalteten dynamischen Speichergliedern läßt sich somit ein Vier-Bit-Binärzähler bilden, *Bild 5.10* .

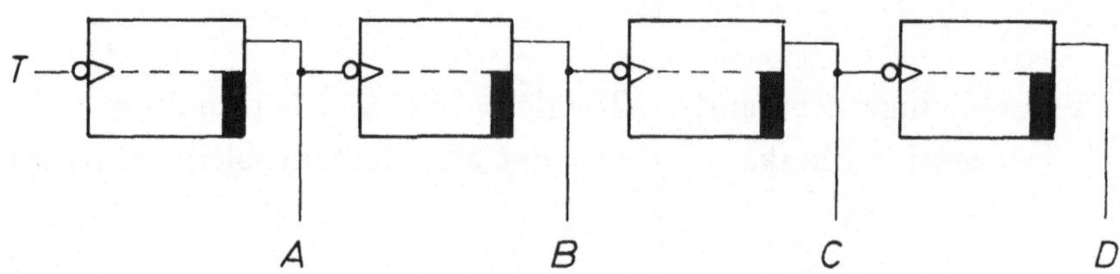

Bild 5.10 Vier-Bit-Binärzähler

Eine Folge von Rechteckimpulsen am Eingang T triggert mit der negativen Signalflanke das Speicherglied 1 mit Ausgang A. Das Signal A wirkt auf den Eingang des Speichers 2 und triggert dessen Ausgangssignal B mit der negativen Flanke von A usw..
Die Ausgänge A, B, C, D können als Stellen einer vierstelligen Dualzahl angesehen werden. Dabei ist A die Stelle mit der niedrigsten Wertigkeit 2^0. B hat die Wertigkeit 2^1 , C die Wertigkeit 2^2 und D ist die Stelle mit der höchsten Wertigkeit 2^3 .
Der Signal-Zeit-Plan und die Tabelle der Zählfolge läßt die Wirkungsweise der Zählkette erkennen, *Bild 5.11* , *Tabelle 5.2* .

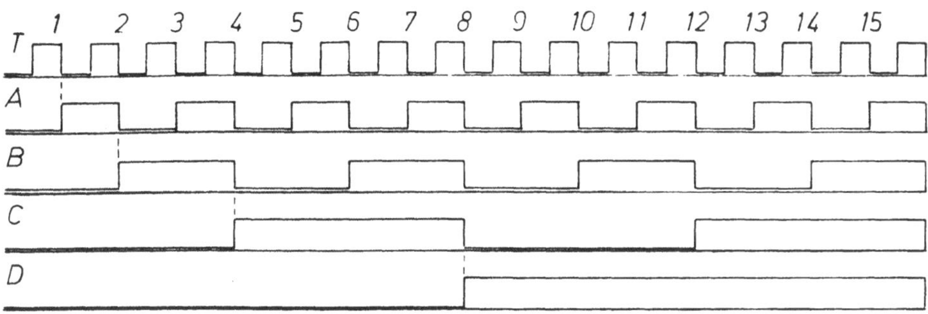

Bild 5.11 Signal-Zeit-Diagramm des vierstelligen Dualzählers

Tabelle 5.2 Zählfolge des vierstelligen Dualzählers

Q_D	Q_C	Q_B	Q_A	Zahl
0	0	0	0	0
0	0	0	1	1
0	0	1	0	2
0	0	1	1	3
0	1	0	0	4
0	1	0	1	5
0	1	1	0	6
0	1	1	1	7
1	0	0	0	8
1	0	0	1	9
1	0	1	0	10
1	0	1	1	11
1	1	0	0	12
1	1	0	1	13
1	1	1	0	14
1	1	1	1	15

5.1.6 Monostabiles Kippglied

Ein RS-Speicher oder ein JK-Flip-Flop ist ein bistabiles Kippglied. Der Ausgang kann für beliebig lange Zeit in jedem der beiden möglichen Gleichgewichtszustände "1" oder "0" verharren.
Dagegen handelt es sich bei einem monostabilen Kippglied um ein Speicherelement mit nur einem Gleichgewichtszustand. Nach dem Anstoß durch ein Eingangssignal wird dieser Zustand für eine bestimmte einstellbare Zeitspanne verlassen. Nach Ablauf dieser Zeit kehrt das monostabile Kippglied in den alten Gleichgewichtszustand zurück.
Die Zeitdifferenz kann in gewissen Grenzen frei gewählt werden. Sie wird bei monostabilen Kippgliedern in TTL-Bauform durch die Wahl von Widerstands- und Kondensatorwerten in einer RC-Schaltung festgelegt.

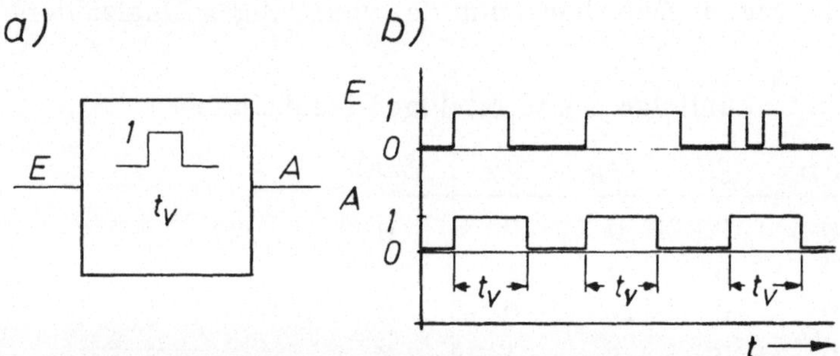

Bild 5.12 Monostabiles Kippglied
a) Schaltsymbol b) Signal-Zeit-Diagramm

Monostabile Kippglieder werden benutzt, um in Ablaufsteuerungen gezielt Verzögerungen einzubauen. Man unterscheidet dabei zwischen Einschalt- und Ausschaltverzögerungen.

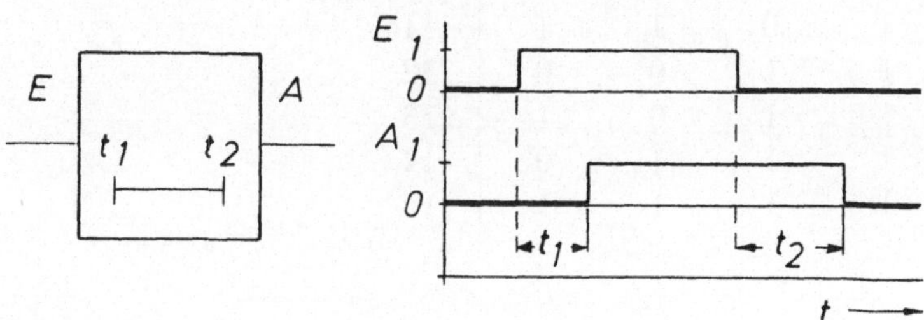

Bild 5.13 Einschalt- und Ausschaltverzögerung

5.1.7 D-Flip-Flop

Aus dem getakteten RS-Speicherglied läßt sich ein weiteres Speicherelement ableiten, das sogenannte D-Flip-Flop.
D-Flip-Flops finden Anwendung, um Schieberegister aufzubauen.

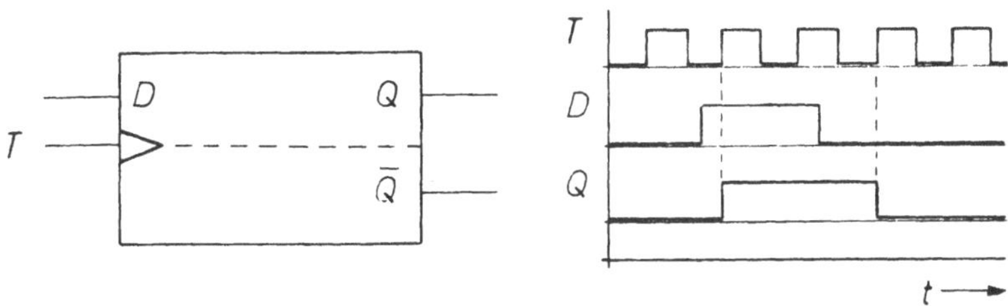

Bild 5.14 D-Flip-Flop aus getaktetem RS-Flip-Flop

Die an dem Vorbereitungseingang D befindliche Information wird mit der nächsten positiven Taktimpulsflanke auf den Ausgang des Speichers gegeben.
Werden mehrere D-Flip-Flops hintereinander geschaltet, *Bild 5.15*, so ergeben sie ein Schieberegister, in dem die Information mit jedem Taktimpuls um ein Element weitergeschoben wird.

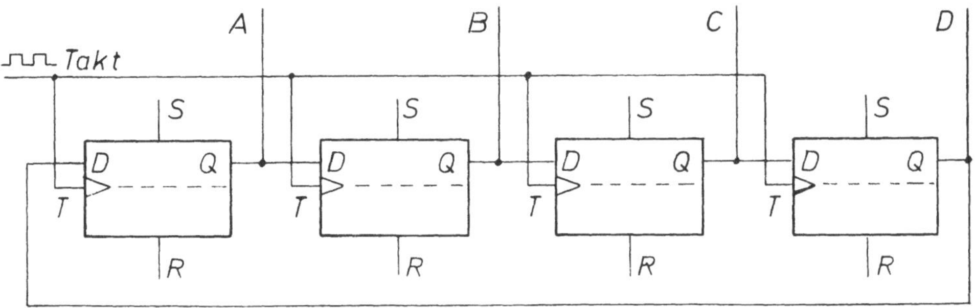

Bild 5.15 Schieberegister als Ringspeicher

Ein durch die Eingänge S und R voreingestellter Zustand des 4-Bit-Ringspeichers, z.B. 0 1 1 0 , wird mit jeder positiven Taktflanke um einen Schritt nach rechts weitergeschoben. Das nach rechts ausgeschobene Bit wird links wieder eingeschoben.

Tabelle 5.3 Schrittfolge eines Ringspeichers

A	B	C	D	Schritt
0	1	1	0	0
0	0	1	1	1
1	0	0	1	2
1	1	0	0	3
0	1	0	1	4

Bild 5.16 zeigt eine Schieberegisterschaltung zum Antrieb eines Schrittmotors. Ein Schrittmotor benötigt z.B. an seinen Eingangsklemmen a b c d folgende Bitmusterfolge, um vier Schritte zu erzeugen.

Tabelle 5.4 Bitmusterfolge für einen Schrittmotor

d	c	b	a	
1	0	1	0	Bitmuster zum Zeitpunkt t_0
1	0	0	1	Bitmuster zum Zeitpunkt t_{0+1}
0	1	0	1	Bitmuster zum Zeitpunkt t_{0+2}
0	1	1	0	Bitmuster zum Zeitpunkt t_{0+3}

Die Bitmusterfolge kann durch vier Ringspeicher erzeugt werden, die zur gleichen Zeit getaktet werden.

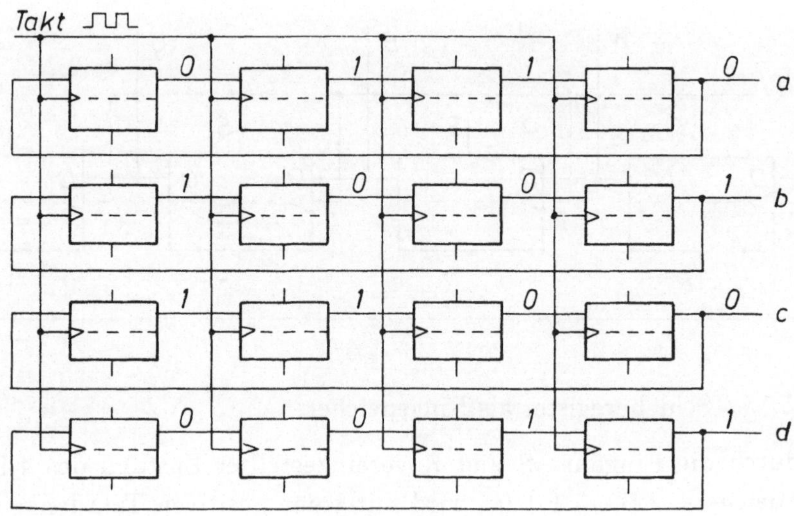

Bild 5.16 Schrittmotorantrieb

6 Zahlensysteme

Die Ausgangsgröße der Zählkette in Kapitel 5.1.5 ergab sich als dualcodierter Zahlenwert.

Zahlenwerte lassen sich mit verschiedenen Zahlensystemen darstellen. Jedes Zahlensystem besitzt eine bestimmte Anzahl von Ziffern, mit denen die Zahlen in einstelliger Weise dargestellt werden können. Zahlenwerte, die darüberhinausgehen, werden gebildet, indem weitere Stellen hinzu genommen werden, wobei jeder Stelle eine entsprechende Wertigkeit zugeordnet ist.

6.1 Das Dezimalsystem

Das Dezimalsystem besitzt für die Darstellung der Zahlen 0 bis 9 die zehn Ziffern: $0, 1, 2, 3, 4, 5, 6, 7, 8, 9$.

Zahlen, die größer als 9 sind, werden durch Hinzunahme von Stellen gebildet, wobei im Dezimalzahlensystem jeder Stelle eine Zehnerpotenz zugeordnet ist.

Die Einerstelle hat die Potenz 10^0, die Zehnerstelle die Potenz 10^1, die Hunderterstelle die Potenz 10^2 usw. Ziffer mal Zehnerpotenz ergibt den Wert der jeweiligen Stelle.

Die Dezimalzahl 6753 kann daher wie folgt entschlüsselt werden:

$$\text{Dezimal } 6753 = 6 \cdot 10^3 + 7 \cdot 10^2 + 5 \cdot 10^1 + 3 \cdot 10^0$$

6.2 Das Dualsystem

Im Dualsystem gibt es nur zwei Ziffern: 0 und 1. Daher kann die Dualzahl sehr gut zur Darstellung eines digitalen Signals benutzt werden, da sich dieses aus mehreren Bits mit den Werten "0" oder "1" zusammensetzt.

Jeder Stelle einer Dualzahl ist eine Potenz zur Grundzahl 2 zugeordnet.

Die Dualzahl 10110001 kann wie folgt gedeutet werden:

$$10110001 = 1 \cdot 2^7 + 0 \cdot 2^6 + 1 \cdot 2^5 + 1 \cdot 2^4 + 0 \cdot 2^3 + 0 \cdot 2^2 + 0 \cdot 2^1 + 1 \cdot 2^0$$

$$\text{Dual } 10110001 = \text{Dezimal } 177$$

6.3 Das Oktalsystem

Das Oktalsystem kennt die Ziffern: $0, 1, 2, 3, 4, 5, 6, 7$.

Die Stellenwertigkeiten ergeben sich als Potenzen zur Basis 8.

Die Oktalzahl 6205 berechnet sich zu:

$$\text{Oktal } 6205 = 6 \cdot 8^3 + 2 \cdot 8^2 + 0 \cdot 8^1 + 5 \cdot 8^0 = \text{Dezimal } 3205$$

Oktalzahlen lassen sich zur abgekürzten Darstellung von Bitmustern verwenden. Es werden je drei Bit zu einer Oktalziffer zusammengefaßt. Bitmuster 110 010 000 101 entspricht Oktalzahl 6205.
Der Adreßbus einer SPS oder eines Computersystems besteht aus einer Anzahl paralleler Leitungen. Die Adresse wird daher durch ein paralleles Bitmuster gebildet. Aus diesem Grunde eignet sich das Oktalsystem gut zur Bezeichnung von Adressen, wenn jeweils 3 Bit des Adreßbus zu einer Oktalziffer zusammengefaßt werden können.

6.4 Das Hexadezimalsystem

Die Basis des Hexadezimalsystems ist die Zahl 16. Die Stellenwertigkeiten sind daher 16^1, 16^2, 16^3 usw..
Die Ziffern des Hexadezimalsystems sind: 1 2 3 4 5 6 7 8 9 $A\ B\ C\ D\ E\ F$.
Die Buchstaben $A\ B\ C\ D\ E\ F$ stehen als einstellige Zeichen für die Zahlen 10 11 12 13 14 15.
Hex $3A7B = 3 \cdot 16^3 + 10 \cdot 16^2 + 7 \cdot 16^1 + 11 \cdot 16^0 =$ Dezimal 14971.
Hexadezimalzahlen eignen sich ebenfalls gut zur Darstellung von Bitmustern. Es werden jeweils 4 Bit zu einer Hexzahl zusammengefaßt:

Bitmuster 0011 1010 0111 1011 = Hex $3A7B$

Die Adressen eines Computersystems werden häufig durch das hexadezimale Zahlensystem dargestellt. Der Vorteil besteht darin, daß die Adresse relativ kurz ist und man dennoch leicht das zugehörige Bitmuster, d.h. die Belegung der parallelen Busleitungen, erkennen kann.

Tabelle 6.1 Darstellung der Zahlen 0 bis 15 in verschiedenen Systemen

Dual	Oktal	Dezimal	Hex
0000	0000	0000	0000
0001	0001	0001	0001
0010	0002	0002	0002
0011	0003	0003	0003
0100	0004	0004	0004
0101	0005	0005	0005
0110	0006	0006	0006
0111	0007	0007	0007
1000	0010	0008	0008
1001	0011	0009	0009
1010	0012	0010	000A
1011	0013	0011	000B
1100	0014	0012	000C
1101	0015	0013	000D
1110	0016	0014	000E
1111	0017	0015	000F

6.5 Umrechnung von Zahlensystemen

Soll eine Zahl aus dem Dezimalsystem in ein anderes Zahlensystem umgewandelt werden, so wird die Dezimalzahl solange durch die Basis des Systems geteilt und der Rest angeschrieben, bis das Ergebnis Null ist. Die Zahlen des Restes ergeben von unten nach oben gelesen die Ziffern der gewandelten Zahl.

Die Umwandlung von Oktalzahlen und Hexadezimalzahlen in das duale Zahlensystem geschieht durch einfaches Umwandeln der Ziffern der einzelnen Stellen in die duale Form. Jeder Ziffer des Oktalsystem entspricht eine dreistellige Dualzahl, jeder Ziffer des Hexadezimalsystems entspricht eine vierstellige Dualzahl.

Umgekehrt entstehen aus den von rechts nach links gebildeten Dreier- oder Vierergruppen der Ziffern einer Dualzahl jeweils die Ziffern einer Oktal- bzw. einer Hexadezimalzahl.

Übungsbeispiele:

Die dezimale Zahl 10372 soll in eine Dualzahl verwandelt werden:

$$
\begin{array}{rcl}
10372 : 2 = 5186 & \text{Rest } 0 \\
5186 : 2 = 2593 & \text{Rest } 0 \\
2593 : 2 = 1296 & \text{Rest } 1 \\
1296 : 2 = 648 & \text{Rest } 0 \\
648 : 2 = 324 & \text{Rest } 0 \\
324 : 2 = 162 & \text{Rest } 0 \\
162 : 2 = 81 & \text{Rest } 0 \\
81 : 2 = 40 & \text{Rest } 1 \\
40 : 2 = 20 & \text{Rest } 0 \\
20 : 2 = 10 & \text{Rest } 0 \\
10 : 2 = 5 & \text{Rest } 0 \\
5 : 2 = 2 & \text{Rest } 1 \\
2 : 2 = 1 & \text{Rest } 0 \\
1 : 2 = 0 & \text{Rest } 1 & \uparrow
\end{array}
$$

Die Dualzahl lautet: $\underline{\underline{10\;1000\;1000\;0100}}$

Probe:

$1 \cdot 2^{13} + 1 \cdot 2^{11} + 1 \cdot 2^{7} + 1 \cdot 2^{2} = 8192 + 2048 + 128 + 4 = \underline{\underline{10372}}$

Die dezimale Zahl 1576 soll in die Oktalform gebracht werden.
Zur Probe soll die gefundene Oktalzahl als Dualzahl geschrieben und in die Dezimalform zurückgewandelt werden.

Bei der Oktalzahl sind nur die acht Ziffern 0 1 2 3 4 5 6 7 zulässig.
Die Stellenwertigkeit ist: $8^0 = 1$, $8^2 = 64$, $8^3 = 512$, $8^4 = 4096$ usw..
Die zu wandelnde Dezimalzahl wird solange durch 8 geteilt, bis das Ergebnis Null ist. Die dabei verbleibenden Reste ergeben von hinten beginnend die Ziffern der Oktalzahl:

$$\begin{array}{rlr} 1576 : 8 = 197 & \text{Rest} & 0 \\ 197 : 8 = 24 & \text{Rest} & 5 \\ 24 : 8 = 3 & \text{Rest} & 0 \\ 3 : 8 = 0 & \text{Rest} & 3 \uparrow \end{array}$$

$$1576 = \underline{\underline{(3050)_8}}$$

Probe:
Die Faktoren 3, 0, 5, 0 werden in dualer Form geschrieben und entsprechend der Stellenwertigkeit aneinandergereiht:

$$(3050)_8 = \underline{\underline{011\ 000\ 101\ 000}}$$

$$011\ 000\ 101\ 000 = 1*2^{10}+1*2^9+1*2^5+1*2^3 = 1024+512+32+8 = \underline{\underline{1576}}$$

Der 16-Bit breite Adreßbus eines Mikrocomputers zeigt auf den Leitungen 0, 3, 5, 7, 8, 9, 13 und 14 keine Spannung, also logisch "0". Auf den anderen Leitungen liegt ein Spannungspegel, der dem Zustand "1" entspricht.
Wie lautet die gerade angesteuerte Adresse in dualer Form?
Wie lautet die hexadezimale Adresse?
Wie lautet die dezimale Adresse?
Formen Sie die duale Adresse in eine Oktaladresse um.
Machen Sie die Probe durch Umrechnung in die dezimale Form.

Belegung der Leitungen :

Ltg. Nr.:	15	14	13	12	11	10	09	08	07	06	05	04	03	02	01	00
	1	0	0	1	1	1	0	0	0	1	0	1	0	1	1	0

Die aktivierte Adresse lautet in dualer Form:

$$\underline{\underline{1001\ 1100\ 0101\ 0110}}$$

Die hexadezimale Adresse ist: $\underline{\underline{9C56}}$

Die dezimale Adresse ergibt sich zu:

$9 \cdot 16^3 + 12 \cdot 16^2 + 5 \cdot 16^1 + 6 \cdot 16^0$

$= 9 \cdot 4096 + 12 \cdot 256 + 5 \cdot 60 + 6 \cdot 1 = 36864 + 3072 + 80 + 6 = \underline{\underline{40022}}$

Umformung der dualen Adresse in die oktale Adresse:

$1001\ 1100\ 0101\ 0110 = 1\ 001\ 110\ 001\ 010\ 110 = \underline{\underline{(116126)_8}}$

Probe durch Umrechnung in die Dezimalzahl:

$(116126)_8 = 1 \cdot 8^5 + 1 \cdot 8^4 + 6 \cdot 8^3 + 1 \cdot 8^2 + 2 \cdot 8^1 + 6 \cdot 8^0$

$= 32768 + 4096 + 3072 + 64 + 16 + 6 = \underline{\underline{40022}}$

6.6 Addition und Subtraktion von dual codierten Zahlen

6.6.1 Halbaddierer

Bild 6.1 zeigt eine Anordnung zur Addition zweier Bits. Das Modul besitzt je einen Eingang für die beiden Bits, die addiert werden sollen, ferner einen Ausgang für das Ergebnisbit und einen weiteren Ausgang für das Übertragsbit in die nächst höhere Stelle.
Eine solche Anordnung heißt Halbaddierer.

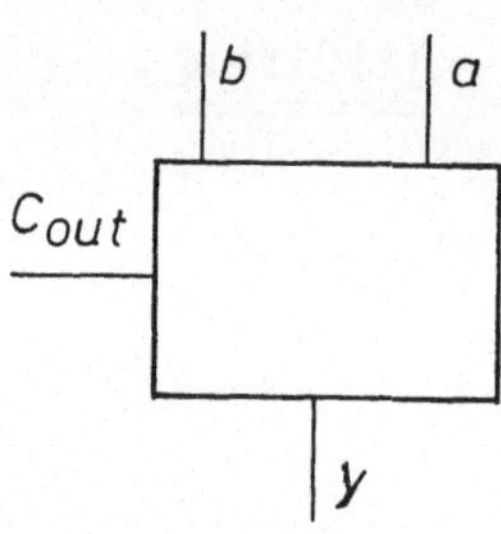

Wahrheitstabelle der Addition beim Halbaddierer

b	a	y	C_{out}
0	0	0	0
0	1	1	0
1	0	1	0
1	1	0	1

Bild 6.1 Halbaddierer

Das Ergebnis y der Addition von a und b erhält man durch Exklusiv-ODER-Verknüpfung von a und b: $y = (a \wedge \overline{b}) \vee (\overline{a} \wedge b)$
Das Übertragsbit ergibt sich durch UND-Verknüpfung von a und b: $C_{out} = a \wedge b$.
Bild 6.2 zeigt die logische Schaltung des Halbaddierers.

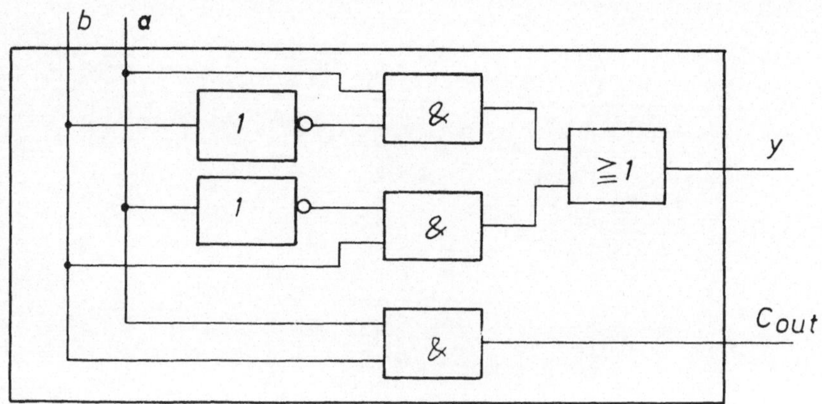

Bild 6.2 Schaltung eines Halbaddierers

6.6.2 Volladdierer

Der Volladdierer addiert zwei Bits zueinander und berücksichtigt dabei das Übertragsbit der vorhergehenden Stelle.
Beim Volladdierer sind drei Eingänge und zwei Ausgänge vorhanden: je ein Eingang für die zu addierenden Bits und den Übertrag aus der niedrigeren Stelle sowie je ein Ausgang für das Ergebnis und den Übertrag in die nächst höhere Stelle.

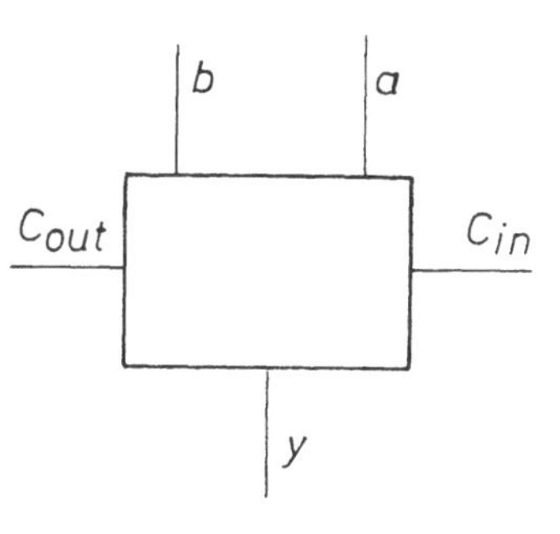

Bild 6.3 Volladdierer

Wahrheitstabelle der Addition beim Volladdierer

C_{in}	b	a	y	C_{out}
0	0	0	0	0
0	0	1	1	0
0	1	0	1	0
0	1	1	0	1
1	0	0	1	0
1	0	1	0	1
1	1	0	0	1
1	1	1	1	1

Das Ergebnis y der Addition von a, b und C_{in} ergibt sich zu:
$y = (a \wedge \bar{b} \wedge \overline{C_{in}}) \vee (\bar{a} \wedge b \wedge \overline{C_{in}}) \vee (\bar{a} \wedge \bar{b} \wedge C_{in}) \vee (a \wedge b \wedge C_{in})$.

Der Übertrag C_{out} berechnet sich zu:
$C_{out} = (a \wedge b \wedge \overline{C_{in}}) \vee (a \wedge \bar{b} \wedge C_{in}) \vee (\bar{a} \wedge b \wedge C_{in}) \vee (a \wedge b \wedge C_{in})$.
Diese Gleichung läßt sich mit Hilfe des Karnaugh-Diagramms vereinfachen:

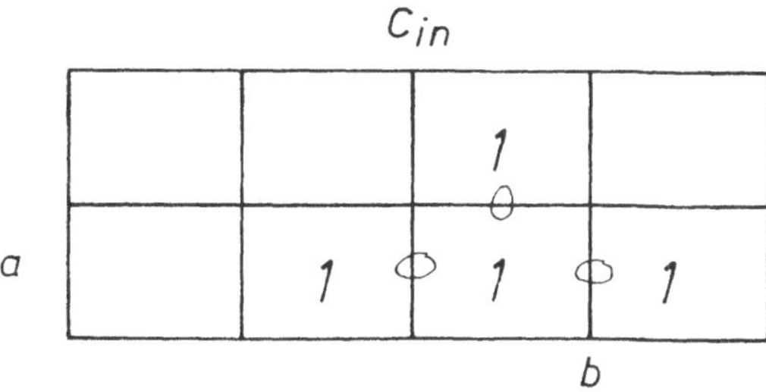

$C_{out} = (a \wedge C_{in}) \vee (b \wedge C_{in}) \vee (a \wedge b)$

Mit diesen Gleichungen ergibt sich die logische Schaltung des Volladdierers *Bild 6.4*.

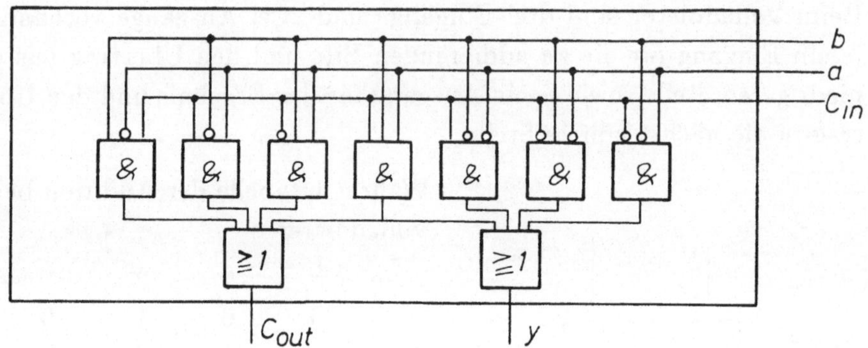

Bild 6.4 Schaltung des Volladdierers

6.6.3 Binäre Subtraktion

Für die Subtraktion von Bitmustern lassen sich ebenso wie für die Addition Halbsubtrahierer und Vollsubtrahierer aufstellen [*2*]. Die Subtraktion kann jedoch durch die Addition des Zweierkomplements ersetzt werden.

Das Zweierkomplement einer Dualzahl ist das Komplement dieser Zahl erhöht um eins.

Dualzahl: 1010 0011

Zweierkomplement der Zahl: $0101\ 1100 + 1 = 0101\ 1101$

Bei vorzeichenbehafteten Zahlen wird das höchstwertige Bit der Zahl als Vorzeichenbit interpretiert. Enthält das Vorzeichenbit eine "1", so ist die Zahl als negative Zahl zu sehen. Enthält das Vorzeichenbit eine "0", so ist die Zahl positiv.

Bei einem Bitmuster aus 8 Bit ist das höchste Bit, nämlich Bit 7, das Vorzeichenbit. Die restlichen Bits bilden die Mantisse der Dualzahl.

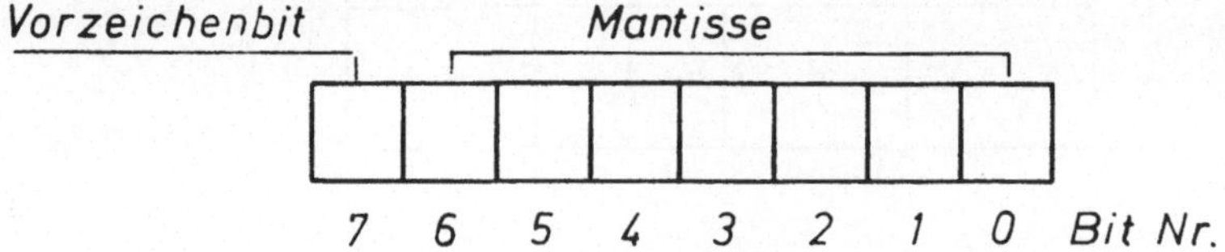

Bild 6.5 Vorzeichenbehaftete 8-Bit-Zahl

Zwischen Bitmuster und Zahlenwert besteht folgende Zuordnung:

Positive	Bitmuster:	0 111 1111	Wert:	+127
Zahlen:		0 111 1110		+126
		0 111 1101		+125
		...		...
		0 000 0010		+002
		0 000 0001		+001
		0 000 0000		+000
Negative	Bitmuster:	1 111 1111	Wert:	−001
Zahlen:		1 111 1110		−002
		1 111 1101		−003
		...		...
		1 000 0010		−126
		1 000 0001		−127
		1 000 0000		−128

Binäre Subtraktion durch Addition des Zweierkomplements:

Dezimal:	Binär:	
118	0111 0110	
− 017	+ 1110 1111	(Zweierkomplement von 017)
101	0110 0101	= 101
065	0100 0001	
− 067	+ 1011 1101	(Zweierkomplement von 067)
− 002	1111 1110	(Zweierkomplement von 002)
		= −002
− 012	1111 0100	(Zweierkomplement von 012)
− 009	+ 1111 0111	(Zweierkomplement von 009)
− 021	1110 1011	(Zweierkomplement von 021)
		= −021

Für das Subtrahieren sind Inverter und ein Halbaddierer zur Bildung des Zweierkomplements erforderlich, außerdem Halb- und Volladdierer zur Addition der Bits.

7 Graphische Darstellung von Ablaufsteuerungen

7.1 Zustandsdiagramm

Im Zustandsdiagramm werden zu den zeitlich nacheinander ablaufenden Schritten die Zustände der an dem Steuerprozeß beteiligten Sensoren (Schalter, Taster, Lichtschranken usw.) sowie der Aktoren (Motoren, Antriebe, Leuchten, Warneinrichtungen usw.) aufgetragen.

In *Bild 7.1* ist das Zustandsdiagramm für die Steuerung eines Werkzeugmaschinenschlittens beim Abspanen der Stirnfläche eines Zylinders dargestellt.

Nach Betätigen des Einschalters wird der Hauptantrieb eingeschaltet. Nach Betätigung eines zweiten Schalters fährt der Schlitten im Eilgang auf das Werkstück zu. Nach Erreichen der Arbeitsposition wird auf Arbeitsgeschwindigkeit umgeschaltet. Nachdem die Stirnfläche des Zylinders abgefahren ist, kehrt der Schlitten im Eilgang in seine Ausgangsposition zurück. Danach kann der Hauptschalter wieder geöffnet werden.

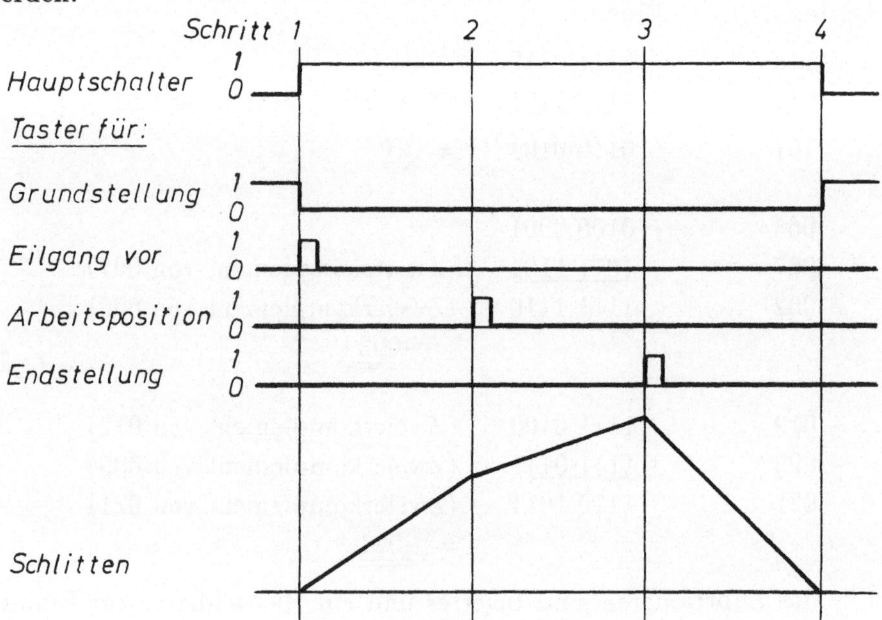

Bild 7.1 Zustandsdiagramm für die Steuerung des Schlittens einer Werkzeugmaschine

7.2 Funktionsplan

Die Schritte der Ablaufsteuerung eines Prozesses können auch durch den Funktionsplan nach DIN 40719 dargestellt werden. Hierbei werden die Ablaufschritte fortlaufend untereinander als Rechtecke dargestellt. Die Bedingungen, die zum Weiterschalten von einem Schritt zum nächsten führen, werden an die Übergänge zwischen den jeweiligen Schritten angeschrieben. Neben jeden Schritt werden die Befehle geschrieben, die in dem jeweiligen Schritt auszuführen sind.

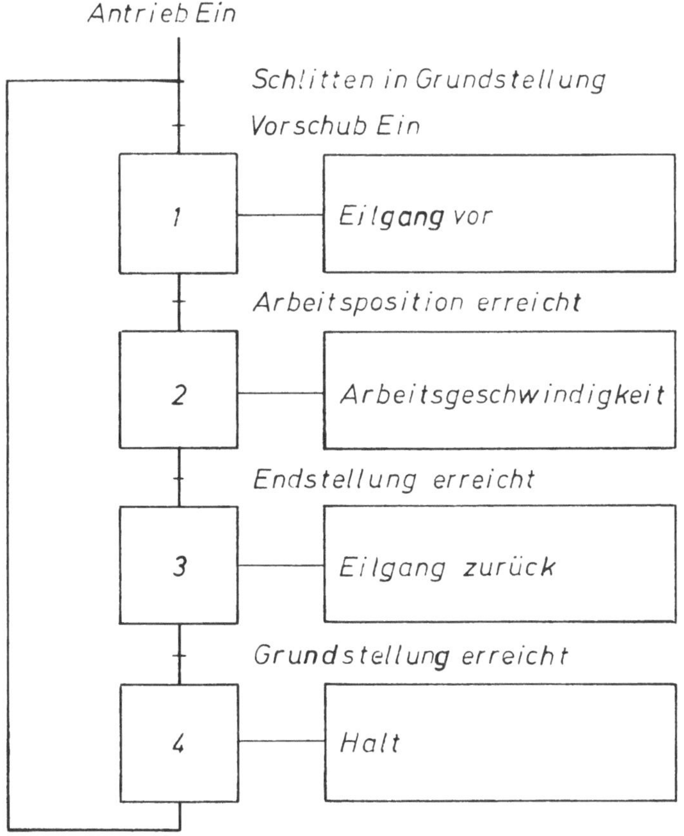

Bild 7.2 Funktionsplan für die Steuerung des Schlittens einer Werkzeugmaschine

8 Speicherprogrammierbare Steuerungen, SPS

Die bisher betrachteten binären Steuerungen, seien sie pneumatischer, hydraulischer oder elektronischer Natur, entlehnen ihre Funktion der Anordnung und Verknüpfung ihrer einzelnen Steuerungselemente. Eine solche, durch die Verbindung der Elemente festgelegte Steuerung, wird "Verbindungsprogrammierte Steuerung, VPS" genannt.
Bei einer pneumatischen oder hydraulischen Steuerung geschieht diese Verbindung durch Pneumatik- bzw. Hydraulikleitungen. Bei einer elektrischen Steuerung bestimmt die Verkabelung die Steuerfunktion. Bei elektronischen Steuerungen erfolgt dies durch die geätzte Leiterplatte.
Verbindungsprogrammierte Steuerungen sind vorteilhaft für einfache Steueraufgaben und immer dann, wenn feststeht, daß die Steuerfunktion später nicht wieder geändert werden muß.

Flexibler und sehr viel einfacher im Aufbau sind dagegen die sogenannten "Speicherprogrammierbaren Steuerungen, SPS", [10].
Bei ihnen wird die Funktion der Steuerung nicht durch die Schaltelemente und deren Verbindung, also durch Hardwarekomponenten, festgelegt, sondern alleine durch das Steuerprogramm, d.h. durch die Software.
SPS-Geräte sind wie ein spezieller Mikrorechner aufgebaut. Sie enthalten eine Eingabeeinheit mit den Klemmen für den Anschluß der binären Eingangssignale, ein digitales Steuerwerk, Speichereinheiten für das Steuerprogramm und für die Steuerdaten, Zeitgeber und Zähler sowie eine Ausgabeeinheit mit den Klemmen für den Anschluß der binären Ausgangssignale, *Bild 8.1* .
Die einzelnen Funktionseinheiten sind durch einen Datenbus, einen Adreßbus und durch Steuerleitungen miteinander verbunden.

Das Steuerprogramm wird mit Hilfe einer auf das Gerät aufsteckbaren Programmiereinheit erzeugt oder auf einem PC erstellt und über die serielle Schnittstelle auf den Programmspeicher der SPS übertragen.
Das Programm setzt sich aus einer Folge von Steuerbefehlen zusammen und wird in der Form der sogenannten Anweisungsliste, AWL, dargestellt. Jede Steueranweisung enthält einen Operationsteil und einen Operandenteil.

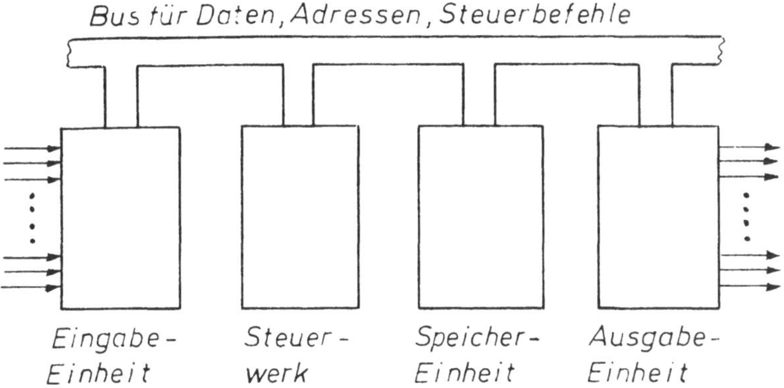

Bild 8.1 Aufbau einer Speicherprogrammierbaren Steuerung, SPS

Den Sensoren und Aktoren der Steuerung werden in einer Zuweisungsliste die Ein- und Ausgangsklemmen der SPS zugeordnet.

Die Anweisungsliste läßt sich leichter aufstellen, wenn die Steuerung vorher in der Form eines Kontaktplans, ähnlich dem Stromlaufplan einer elektrischen Steuerung oder in einem Funktionsplan dargestellt wird.

Bild 8.2 zeigt den Funktionsplan, den Kontaktplan und die Anweisungsliste für die durch eine Mitsubishi-SPS realisierte Exklusiv-Oder Funktion.

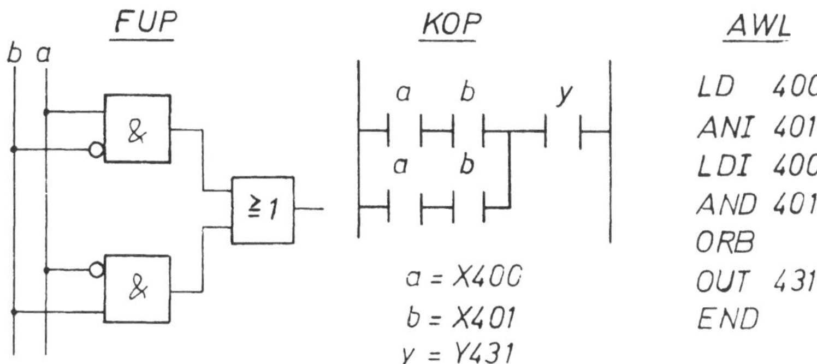

Bild 8.2 Funktionsplan, Kontaktplan, Anweisungsliste für ein XOR

Übungsbeispiel:

Mit einer Speicherprogrammierbaren Steuerung soll die Bewegung des Werkzeugs einer Werkzeugmaschine gesteuert werden.
Die Maschine wird mit dem Hauptschalter ein- bzw. ausgeschaltet.
Das Werkzeug muß sich zunächst im ausgefahrenen Zustand befinden. Dieses wird durch den Schalter S_1 angezeigt.
Nach Betätigung des Schalters S_2 soll das Werkzeug im Eilgang in seine Arbeitsstellung fahren, die durch den Schalter S_3 angezeigt wird.
In der Arbeitsposition angelangt soll das Werkzeug im Arbeitsgang bewegt werden, bis es seine Endstellung erreicht hat. In der Endstellung wird der Schalter S_4 betätigt.
Von jetzt ab soll sich das Werkzeug im Eilgang in seine Ausgangsstellung zurückbewegen. Dort bleibt es solange, bis der Schalter $S2$ erneut betätigt wird.
Die folgenden Abbildungen zeigen eine Prinzipskizze, den Funktionsplan, den Kontaktplan und die Anweisungsliste für die SPS.

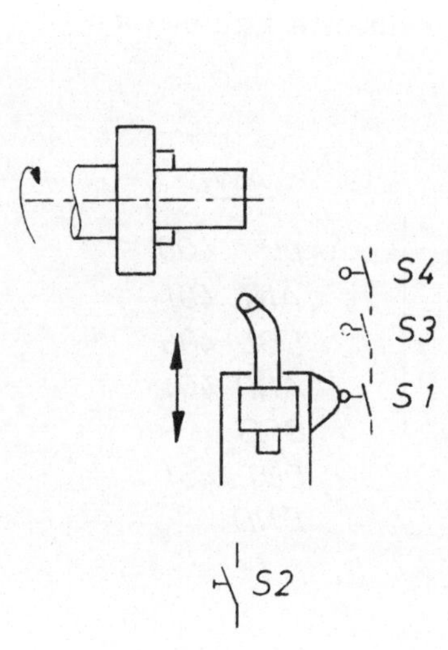

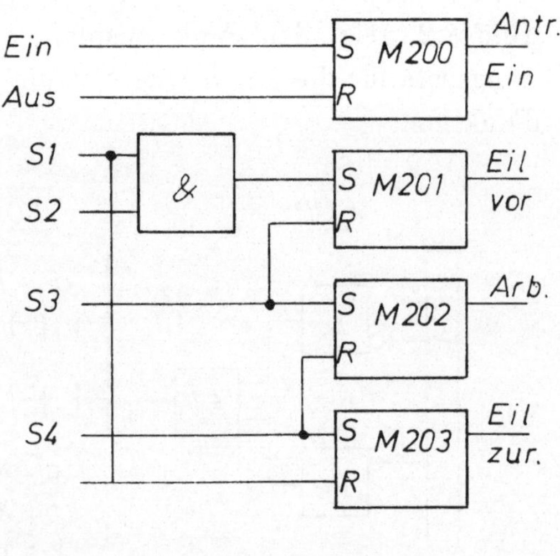

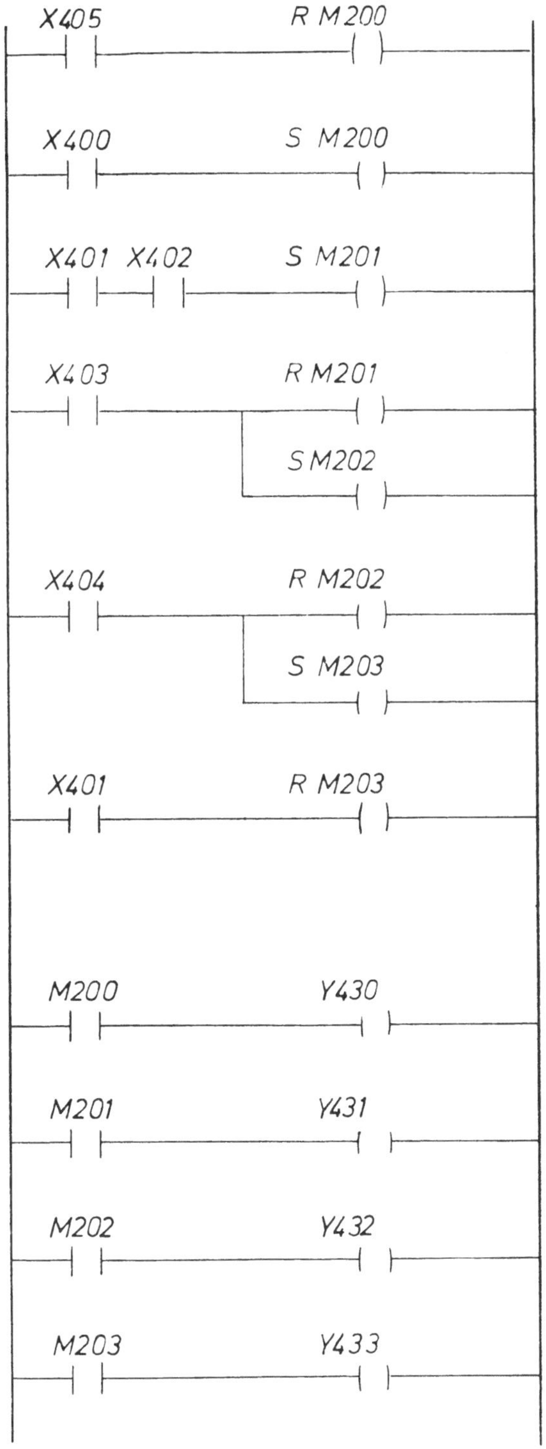

X405 R M200

X400 S M200

X401 X402 S M201

X403 R M201

S M202

X404 R M202

S M203

X401 R M203

M200 Y430

M201 Y431

M202 Y432

M203 Y433

Zuweisungsliste:

Eingänge:	AUS	X405
	EIN	X400
	S1	X401
	S2	X402
	S3	X403
	S4	X404
Speicher:	Antrieb Ein	M200
	Eilgang vor	M201
	Arbeitsgang	M202
	Eilgang zurück	M203
Ausgänge	Antrieb	Y430
	Eilgang vor	Y431
	Arbeitsgang	Y432
	Eilgang zurück	Y433

Anweisungsliste:

000	LD	405	Merker für "Antrieb Ein" wird rückge-
001	R	200	setzt, wenn Ausschalter betätigt wird.
002	LD	400	Merker für "Antrieb Ein" wird gesetzt,
003	S	200	wenn Einschalter betätigt wird.
004	LD	401	Merker für "Eilgang vor" wird gesetzt,
005	AND	402	wenn S1 und S2 betätigt werden.
006	S	201	
007	LD	403	Wenn Arbeitsposition S3 erreicht ist,
008	R	201	wird Merker für "Eilgang vor" gelöscht
009	S	202	und Merker für "Arbeitsgang" gesetzt.
010	LD	404	Wenn Endposition erreicht ist, wird
011	R	202	Merker für "Arbeitsgang" gelöscht und
012	S	203	Merker für "Eilgang zurück" gesetzt.
013	LD	401	Wenn Ausgangsposition erreicht ist, wird
014	R	203	Merker für "Eilgang zurück" gelöscht
015	LD	200	Die Inhalte der Merker werden gelesen und
016	OUT	430	die Ausgangsklemmen entsprechend
017	LD	201	angesteuert.
018	OUT	431	
019	LD	202	
020	OUT	432	
021	LD	203	
022	OUT	433	
023	END		Programmende

8.1 Programmierung der SPS über ein Programmiergerät

Mit einem Programmiergerät können neue Programmbefehle unmittelbar in die SPS eingegeben werden oder es kann in ein bereits bestehendes Programm eingegriffen werden.
Das Programmiergerät wird direkt auf die SPS gesteckt. Durch einen mehrpoligen Stecker werden dabei die elektrischen Verbindungen hergestellt.
Das Gerät verfügt über eine Tastatur mit Tasten für die logischen Befehle, für die Ziffern der Adressen, für Steuerzeichen usw.. Es enthält ein Display zur Anzeige der jeweils aktivierten Programmzeile.
Die Befehle werden der Anweisungsliste entsprechend Zeile für Zeile eingegeben und dabei direkt in den Speicherbereich der SPS übertragen. Nach der Eingabe ist die SPS sofort einsatzbereit. Das Programmiergerät kann wieder entfernt werden.

8.2 Programmierung der SPS über einen PC

Wenn entsprechende Hard- und Software vorhanden ist, kann die Programmierung der SPS unmittelbar vom Computer aus erfolgen.
Die Verbindung zwischen Computer und SPS erfolgt über die serielle Schnittstelle.
Nach Aufruf der Software können die Befehlszeilen der Anweisungsliste eingegeben werden. Die Programmierung kann auch über den Kontaktplan der Steuerung erfolgen, der mittels eines Menues auf dem Bildschirm des Rechners grafisch erstellt wird.
Es ist möglich, während der Programmierung von einer Darstellung zur anderen hin und her zu schalten.
Ist schließlich das Steuerprogramm vollständig eingegeben worden, so wird es als Ganzes vom Rechner an die SPS überspielt.
Das Programm kann bereits während des Entwurfs auf dem Rechner getestet werden. Dazu werden die verschiedenen Eingangszustände der Steuerung durch die Software aktiviert. Der Verlauf der Signale und die Funktion der entsprechenden Ausgänge werden auf dem Bildschirm sichtbar gemacht und können dadurch überprüft werden.
Nach Fertigstellung des Programms und nach der Übertragung vom PC auf die SPS kann der Rechner von der SPS getrennt werden. Die SPS ist für sich lauffähig und kann in die Steuerung eingebaut werden.

Die Programmierung umfangreicher komplexer Steueranlagen, in denen SPS-Geräte unterschiedlicher Hersteller Verwendung finden, wird erschwert, wenn jeder Hersteller neben der eigenen Hardware auch die zugehörige eigene Software anbietet.
Daher sind von der Internationalen Elektronischen Kommission, IEC, Richtlinien für eine international einheitliche Darstellung der unterschiedlichen Systeme entwickelt worden, die ihren Niederschlag in der Norm IEC 1131-3 gefunden haben. Dieser Norm entspricht die Europäische Norm DIN EN 61131-3.
Für die Darstellung des SPS-Programms sind vier Sprachen genormt. Dies sind die beiden Textsprachen:
AWL = Anweisungsliste und ST = Strukturierter Text
und die beiden graphischen Sprachen:
KOP = Kontaktplan und FBS = Funktionsbaustein-Sprache .
Die Darstellung im "Strukturierten Text", (ST), ähnelt der Programmiersprache Pascal. Sie erlaubt die Beschreibung des Steuerprogramms durch sinnfällige Textzeilen.

Beispiel:

```
...
B := (A AND C) OR D;
IF B THEN EXIT;
ENDIF;
...
```

Derzeit werden Programmpakete entwickelt, die auf der IEC-Norm beruhen und den Einsatz von SPS-Geräten unterschiedlicher Herkunft erleichtern.

9 Steuerung mit dem Computer

Die breite Einführung der Computertechnik trug entscheidend zur Weiterentwicklung der elektronischen Steuerungen bei.
Der erste Schritt war die Einführung von Prozeßrechnern für die Verarbeitung der Signaldaten für Steuerungen und Regelkreise.
Diese Entwicklung bevorzugt die Zusammenfassung der Steuer- und Regelfunktionen in einem einzigen Rechner, der als große und teuere Einrichtung das Zentralstück der gesamten Anlage bildet. Die Vorteile des Rechnereinsatzes sind dann aber verbunden mit dem Nachteil langer Signalleitungen und mit fatalen Auswirkungen auf den Prozeß, wenn in dem zentralen Rechner eine Störung auftritt.

Einen bedeutenden Fortschritt brachte daher die Entwicklung kleiner und preisgünstiger Mikrorechner. Sie ermöglichen die dezentrale und verteilte Steuerung vor Ort direkt in der Anlage. Der Ausfall eines Rechners wird gemildert durch die Tatsache, daß mehrere Rechnereinheiten am Steuerprozeß beteiligt sind, so daß nur Teilbereiche gestört werden bzw. ein Rechner die Funktion eines anderen übernehmen kann.
In neueren Steuereinrichtungen werden daher vielfach Mikrocomputer eingesetzt. Auch die SPS enthält als zentralen Rechenbaustein den Mikrorechner.

Darüber hinaus werden Steueranlagen heute mehr und mehr mit Hilfe von Personalcomputern betrieben. Der PC dient einerseits dazu, als übergeordneter Rechner einzelne Steuerkomponenten oder mehrer SPS zu koordinieren, Daten zu sammeln und die Dokumentation zu unterstützen, andererseits läßt er sich auch direkt als Steuereinrichtung in die Anlage integrieren.

In der Computertechnik handelt es sich um den Transport und die Verarbeitung von Informationen mittels digitaler Signale, die sich aus zweiwertigen Bits zusammensetzen.
Mit den aus mehreren parallelen Bits zusammengesetzten Bitmustern werden sowohl die Daten selbst als auch die Adressen der jeweiligen Speicherplätze, die die Daten enthalten, dargestellt.
Dabei unterscheidet man je nach der Anzahl der parallelen Bits sogenannte Wortlängen: Nibble (4 Bits), Byte (8 Bits), Word (16 Bits) und Longword (32 Bits).

9.1 Aufbau eines Mikrocomputers

Wie *Bild 9.1* zeigt, besteht ein Mikrocomputer aus einem zentralen Prozessor (CPU = central processing unit), der mit den Speichereinheiten, mit verschiedenen Ein- und Ausgabeeinheiten und mit weiteren speziellen Einheiten mittels eines Bussystems in Verbindung steht, [11].

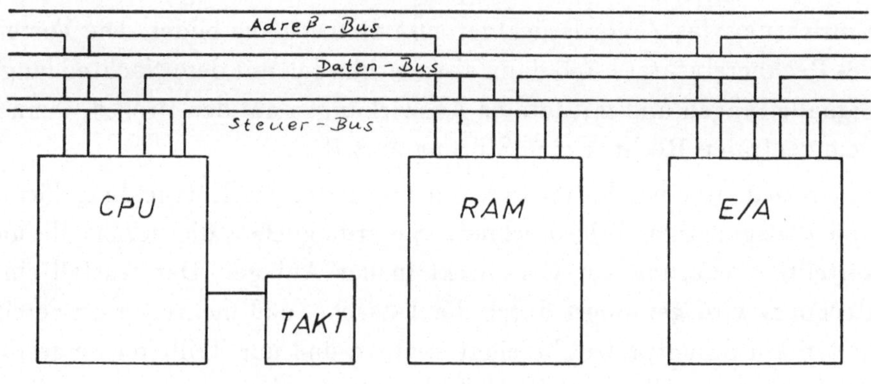

Bild 9.1 Aufbau eines Mikrocomputers

Die Speicher des Mikrorechnersystems sind Halbleiterspeicher. Man unterscheidet verschiedene Speicherausführungen:

RAM-Speicher (Random Access Memory), sind Speicher, die beliebig beschrieben und gelesen werden können. Sie werden als Speicher für Variablen benutzt, die ihren Wert laufend verändern. RAM-Speicher verlieren ihre Information, wenn die Betriebsspannung abgeschaltet ist. Soll der Speicherinhalt erhalten bleiben, so muß der Speicher, während der Rechner ausgeschaltet ist, mit einer Batterie versorgt werden.

ROM-Speicher (Read Only Memory) können nur ein einziges Mal, nur bei ihrer Herstellung, programmiert werden. Sie behalten ihre Information auch dann, wenn der Rechner abgeschaltet ist. Nach erneutem Einschalten ist der Speicherinhalt sofort wieder verfügbar. ROM-Speicher enthalten Betriebsprogramme, die in großer Stückzahl benötigt werden und die sich während der Lebensdauer der Steuerung nicht ändern.

PROM-Speicher (Programmable Read Only Memory) werden mittels Programmiergerät beschrieben. Der Inhalt ist nicht wieder löschbar. Der Speicher behält die Information auch nach dem Abschalten der Betriebsspannung bei.

EPROM-Speicher (Erasable Programmable Read Only Memory) lassen sich mit einem Programmiergerät beschreiben und durch Bestrahlung mit ultraviolettem Licht wieder löschen. Speicher dieser Art werden eingesetzt, wenn man ein Programm für einen bestimmten Anwendungszweck benötigt, dieses aber nach gewisser Zeit durch ein anderes ersetzen möchte.

Das Bussystem des Mikrorechners besteht aus einer Anzahl paralleler Leitungen. Auf jeder Leitung kann eine Ja-Nein-Information, also ein Bit übertragen werden.
Die Aufgabe des Bussystems ist es, digitale Daten, das heißt parallele Bitmuster (z.B. Bytes oder Words) zwischen den Speicherplätzen der einzelnen Einheiten hin und her zu transportieren. Über den Bus werden z.B. die Daten einer Adresse der Eingabeeinheit zur Bearbeitung an ein Register des zentralen Rechenwerks geschickt und nach der Bearbeitung an die Adresse einer Ausgabeeinheit weitergeleitet.
Der Datenverkehr über den Bus erfolgt über die parallelen Datenleitungen. Diese werden daher auch Datenbus genannt. Dagegen werden über den Adreßbus die Adressen weitergeleitet, von denen die Daten abgeholt oder zu denen sie hingebracht werden sollen. Neben den Daten- und den Adreßleitungen sind noch weitere Leitungen erforderlich, auf denen die Steuerbits weitergeleitet werden, die zum Steuern der Informationsverarbeitung benötigt werden. Es sind dies z.B. Flags, die anzeigen, ob ein Speicherplatz gelesen oder beschrieben werden soll oder andere, die melden, ob eine Unterbrechungsanforderung vorliegt oder nicht.
Die Leitungen, die die Steuerbits übertragen, werden zusammengefaßt als Steuerbus bezeichnet.
Der Datenbus eines 8-Bit Mikroprozessors enthält 8 parallele Leitungen. Er ist also 8-Bit breit. Über einen 8-Bit Datenbus kann in einem Schritt ein Byte (= 8 Bit) verarbeitet werden.

Leistungsfähigere Mikrorechner besitzen Datenbusse mit 16 oder 32 parallelen Leitungen. Die Datenverarbeitung kann dann entsprechend schneller vonstatten gehen, weil "Words" bzw. "Longwords" parallel verarbeitet werden.
Bild 9.2 enthält einen Ausschnitt aus einem 8-Bit breiten Speicher. Das Bit mit der niedrigsten Wertigkeit (2^0) steht ganz rechts. Es erhält die Bitnummer 0. Das Bit mit der höchsten Wertigkeit (2^7) steht ganz links. Es erhält die Bitnummer 7.

Bit	7	6	5	4	3	2	1	0
Adresse x								
x+1								
x+2								
x+3								
x+4								

Bild 9.2 Struktur eine 8-Bit breiten Speichers

Jeder Speicherplatz besitzt eine Adresse. Die Adressen werden über den Adreßbus übertragen. Je nach der Breite des Adreßbusses kann die Zentraleinheit des Mikrorechners mehr oder weniger Adressen ansprechen. Üblich sind z.B. 16-Bit breite Adreßbusse. Sie können $2^{16} - 1 = 64535$ $\simeq 64\ 000 = 64$ K $= 64$ Kilo Adressen ansprechen. Bei einem 32-Bit breiten Adreßbus können bereits
$2^{32} - 1 = 4\ 294\ 967\ 303 \simeq 4 \cdot 10^9 = 4$ G $= 4$ Giga Adressen erfaßt werden.

Der gesamte Datenverkehr wird vom zentralen Rechenwerk, der CPU, aus gesteuert. *Bild 9.3* zeigt den Aufbau einer CPU für einen 8-Bit Mikrocomputer. Es handelt sich hier um die CPU 6502 der Firma Motorola. Dieser Prozessor arbeitet mit einem 16 Bit breiten Adreßbus. Er enthält einen sogenannten Akkumulator A sowie zwei Indexregister X und Y . Diese Register sind jeweils 8 Bit breit.

Der Programmzähler, PC, ist ein 16-Bit Register, das die Adresse des jeweils folgenden Befehlsbytes enthält. Es setzt sich zusammen aus zwei 8-Bit Registern: einem "Low Byte" Register, PCL, mit den Bits 0 bis 7 und einem "High Byte" Register, PCH, mit den Bits 8 bis 15.
Die CPU enthält zwei weitere Register, nämlich den Stack Pointer, S, der automatisch die aktuelle Adresse des Stacks anzeigt, und das Processor Status Register, P, das dazu dient, den Zustand des Prozessors nach einer Rechenoperation anzuzeigen, z.B. ob ein Übertrag entstanden ist, ob die Rechnung Null ergeben hat, ob das Ergebnis als negative Zahl zu interpretieren ist usw..
Das Programm eines Mikrorechners besteht aus aufeinanderfolgenden binären Informationen, die im Programmspeicher des Rechners abgelegt sind. Das folgende Beispiel zeigt einige Befehle. Das erste Byte der Befehlsfolge liegt auf dem Speicherplatz mit der Adresse $0200. Das $-Zeichen weist auf die hexadezimale Form der Adresse hin.

Adresse	Inhalt binär	hexadezimal	Bedeutung der Anweisung
$0200	1010 1001	A9	lade das Akkuregister
$0201	0011 0110	36	mit der Zahl $36
$0202	0110 1001	69	addiere dazu
$0203	0111 1011	7B	die Zahl $7B
$0204	1000 1101	8D	speichere das Ergebnis
$0205	0011 0110	36	auf den Speicherplatz
$0206	1010 1011	AB	$AB36

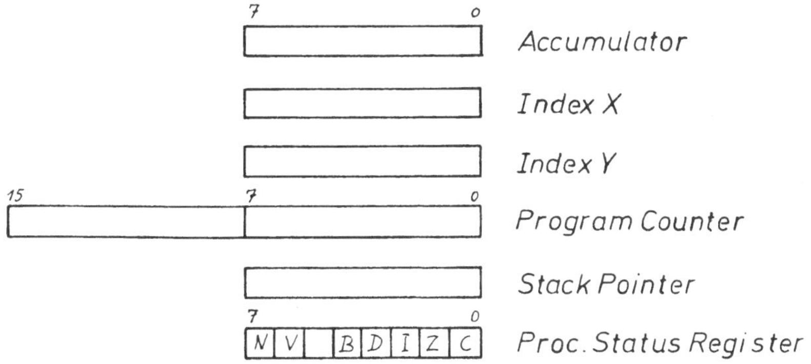

7 0
Accumulator
Index X
Index Y
15 7 0
Program Counter
Stack Pointer
7 0
N V B D I Z C
Proc. Status Register

Bild 9.3 Aufbau der CPU 6502

Der Mikrocomputer kann in der Weise programmiert werden, daß tatsächlich jeder Speicherplatz einzeln mit dem jeweiligen Inhalt beschrieben wird. Die Programmierung in dieser Maschinensprache ist jedoch eine sehr mühsame Aufgabe, die dazu noch den Nachteil hat, daß eine spätere Änderung insbesondere eine Erweiterung des auf diese Weise erzeugten Maschinenprogramms nicht mehr möglich ist.
Es ist daher vorteilhaft, sich einer maschinennahen Sprache zu bedienen, in der die Befehle durch mnemonische Ausdrücke abgekürzt werden. Mit einem speziellen Programm, dem Assembler, wird dieser Code in die Maschinenanweisungen übersetzt.

Im mnemonischen Code lautet das obige Programm:

```
LDA   #$36    lade das Akkuregister unmittelbar mit der Zahl $36
ADC   $7B     addiere die Zahl $7B hinzu
STA   $AB36   speichere das Ergebnis auf den Speicherplatz $AB36
```

Die Assembler-Sprache hat den Vorzug, daß sie "maschinennah" ist. Die Anweisungen enthalten unmittelbar CPU-Befehle. Sie werden daher so abgearbeitet, wie es für den verwendeten Rechner am günstigsten und am schnellsten vonstatten geht.
Dies kann von Vorteil sein, wenn Anweisungen programmiert werden sollen, die nur geringe arithmetische Anteile enthalten und unmittelbar dem Datenaustausch dienen, z.B. Anweisungen für das Lesen oder Beschreiben von parallelen oder seriellen Interface-Karten oder für die Abarbeitung von Interruptroutinen o.ä..
Der Nachteil ist, daß für jeden Prozessortyp eine eigene Assembler-Sprache benötigt wird und daß die Assembler-Sprachen für den Bediener umständlich und aufwendig zu programmieren sind. Beispielsweise müssen für Fließkommaoperationen, für Funktionen oder für Textverarbeitung erst mühsam entsprechende Routinen erarbeitet werden.
Für die einzelnen Prozessoren sind Entwicklungssysteme vorhanden, die Compiler für die gängigen problemorientierten Programmiersprachen enthalten, so daß Mikrocomputer auch mit höheren Programmiersprachen wie FORTRAN, Pascal oder C programmierbar sind.

9.2 Die logischen Befehle des Mikrocomputers

Neben den Transportbefehlen, die dafür sorgen, daß der Inhalt eines Speicherplatzes auf einen anderen Speicher oder auf ein internes Register des Prozessors gespeichert wird oder auch umgekehrt, sind vor allem die logischen Befehle des Mikrocomputers für Steuerungsaufgaben wesentlich. Dieses sind die Befehle:

Binäres UND   Binäres ODER   Binäres Exklusiv-ODER

Mit Hilfe dieser Befehle können die Bits eines Bitmusters einzeln manipuliert werden.

Beispiel 1:

Das Setzen einzelner Bits mit dem binären ODER:

Das Bitmuster, das verändert werden soll, wird mit einer Maske bitweise "ODER-verknüpft". An den Stellen, an denen die Maske "1"-Bits enthält, werden im Ergebnis "1"-Bits gesetzt. Alle anderen Bits behalten ihren ursprünglichen Zustand.

ursprüngliches Bitmuster im Akkuregister:	0110 0001
ODER-Verknüpfung mit Bitmuster der Maske:	1000 1111
Bitmuster des Ergebnisses im Akkuregister:	1110 1111

Die Programmanweisungen für den Prozessor 6502 lauten:

```
LDA   ALT      lade Akkuregister mit Inhalt von ALT
ORA   MASKE    ODER-Verknüpfung mit Inhalt von MASKE
STA   NEU      übertrage Ergebnis auf Speicherplatz NEU
```

Beispiel 2:

Das Löschen einzelner Bits mit dem binären UND:

Das Bitmuster, das verändert werden soll, wird mit einer Maske bitweise "UND-verknüpft". An den Stellen, an denen die Maske "0"-Bits enthält, werden im Ergebnis "0"-Bits gesetzt. Alle anderen Bits behalten ihren ursprünglichen Zustand.

Bitmuster im Akkuregister	0111 1101
Bitmuster der Maske	1100 0011
Bitmuster im Akkuregister	0100 0001

Programmanweisungen:

```
LDA   ALT      lade Akku mit Inhalt von ALT
AND   MASKE    UND-Verknüpfung mit Inhalt von MASKE
STA   NEU      übertrage Ergebnis auf Speicherplatz NEU
```

Während mit dem ODER-Befehl einzelne Bits gesetzt und mit dem UND-Befehl einzelne Bits gelöscht werden können, benutzt man das binäre Exklusiv-ODER dazu, die Bits gezielt zu invertieren.
An den Stellen, an denen die Maske "1-Bits" enthält, werden die Bits im Ergebnis invertiert, an den übrigen Stellen bleiben sie unverändert.
Beispiel 3:
Inversion einzelner Bits mit dem binären Exklusiv-ODER:

Bitmuster im Akkuregister	1100 1100
Bitmuster der Maske	1111 0000
Bitmuster des Ergebnisses	0011 1100

Programmanweisungen:

```
LDA  ALT     lade Akku mit Inhalt von ALT
EOR  MASKE   Exklusiv-ODER-Verknüpfung mit MASKE
STA  NEU     übertrage Ergebnis auf Speicherplatz NEU
```

Mit einem weiteren logischen Befehl, dem BIT-Befehl, können Bitmuster verglichen und auf diese Weise der Zustand einzelner Bits überprüft werden. Es wird eine UND-Verknüpfung zwischen Akkuinhalt und dem Operanden des BIT-Befehls vorgenommen und nach dem Ergebnis die Nullflag des Zustandsregisters gesetzt. Mit einer Verzweigung auf Null oder Nichtnull wird der Zustand ausgewertet.

Beispiel 4

Maske für Bit 2 im Akkuregister:	0000 0100
zu prüfendes Bitmuster:	1001 0111
Nullflag des Zustandsregisters	zeigt "1" an
	Bit Nr. 2 ist vorhanden.

Programmanweisungen:

```
M1   LDA  MASKE   lade Akku mit der Prüfmaske
     BIT  SPCHR   teste Bit des Speichers
     BEQ  M1      verzweige zu M1, solange Prüfbit "0"
```

9.3 Aufbau und Programmierung eines 8-Bit Mikrocomputers für eine einfache Maschinensteuerung

Für die Steuerung des Werkzeugs der Werkzeugmaschine aus dem Beispiel auf Seite 78 soll ein 8-Bit Mikrocomputer mit CPU 6502 benutzt werden. In diesem Beispiel sind die Schalter S_1 , S_2 und S_3 und S_4 für die Meldung der Zustände "Werkzeug ist zurückgefahren", "Eilgang starten", "Arbeitsposition erreicht", "Endstellung erreicht" zuständig. Es müssen also 4 Eingangsklemmen für diese 4 binären Signale vorhanden sein. Hierfür werden die vier unteren Bits: Bit 0 bis Bit 3 des binären Ports mit der Adresse $A001 verwendet:

Port	Bit 0	Eingangssignal vom Schalter S_1
$A001	Bit 1	Eingangssignal vom Schalter S_2
	Bit 2	Eingangssignal vom Schalter S_3
	Bit 3	Eingangssignal vom Schalter S_4

Wird der Schalter geschlossen, so führt das jeweiligen Eingangsbit eine "1", ist der Schalter offen, so führt das Eingangsbit eine "0".

Es sind drei Ausgänge erforderlich: ein Bit für "Eilgang vor", eines für "Arbeitsgang" und eines für "Eilgang zurück".
Hierfür sollen die Bits 4, 5 und 6 des digitalen Ports mit der Adresse $A001 verwendet werden:

Port	Bit 4	Ausgangssignal "Eilgang vor"
$A001	Bit 5	Ausgangssignal "Arbeitsgang"
	Bit 6	Ausgangssignal "Eilgang zurück"

Eine "1" am jeweiligen Ausgangsbit bedeutet "Bewegung wird ausgeführt". Eine "0" bedeutet "Bewegung wird nicht ausgeführt".

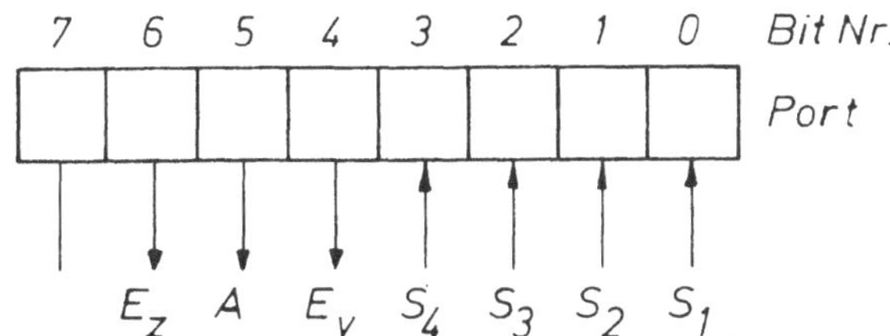

Bild 9.4 Belegung des parallelen digitalen Ports

Die Programmierung des Mikrocomputers erfolgt anhand des in *Bild 9.5* dargestellten Struktogramms, DIN 66261.

```
Vorbereitung des Ports
  Solange Bit0 = 0 und Bit1 = 0
    Abfrage des Ports
  Bit4 = 1  "Eilgang vor"
  Solange Bit2 = 0
    Abfrage des Ports
  Bit4 = 0  "Halt"
  Bit5 = 1  "Arbeitsgang vor"
  Solange Bit3 = 0
    Abfrage des Ports
  Bit5 = 0  "Halt"
  Bit6 = 1  "Eilgang zurück"
  Solange Bit0 = 0
    Abfrage des Ports
  Bit6 = 0  "Halt"
zurück zum Start
```

Bild 9.5
Struktogramm des Programms für die Maschinensteuerung

Zunächst müssen die Ein- und Ausgänge entsprechend vorbereitet werden. Dazu muß das Datenrichtungsregister des Ports für die Ausgangsbits auf "1" und für die Eingangsbits auf "0" gesetzt werden, vgl. Abschnitt 9.5.1 .

Zu Beginn des Programms wird eine Marke gesetzt, zu der der Rechner nach Durchlauf aller Anweisungen zurückkehrt.

Im ersten Schritt werden die Bits 0 und 1 abgefragt. Dazu wird der Akku mit einer Maske geladen, die an den Bits 0 und 1 eine "1" enthält. Mit dem BIT-Befehl wird der Inhalt des Port mit dieser Maske verglichen. Solange keine Übereinstimmung besteht, bleibt der Rechner in der ersten Schleife und fragt das Port laufend ab.

Erst wenn Bit 0 und Bit 1 gleichzeitig "1" sind, stimmt der Inhalt des Port-Eingangsregisters mit der Maske überein. Der Rechner verläßt die

Schleife, Bit 4 wird auf "1" gesetzt, der Eilgang wird eingeschaltet.
In der nächsten Schleife erfolgt die Abfrage, ob der Schalter $S3$ erreicht wurde.
Zeigt S_3 (Bit 2) durch eine "1" an, daß die Arbeitsstellung erreicht ist, wird durch einen AND-Befehl der Eilgang ausgeschaltet (Bit 4 = "0") und durch den folgenden ORA-Befehl der Arbeitsgang eingeschaltet (Bit 5 = "1").
Bei Erreichen von Schalter S_4 (Bit 3) wird der Arbeitsgang ausgeschaltet und der Zustand "Eilgang zurück" eingeschaltet.
Bei Erreichen des Schalters S_1 (Bit 0) wird der Antrieb stillgesetzt. Der Rechner wartet auf den erneuten Startbefehl durch den Schalter S_2 (Bit 1). Das Spiel kann von neuem beginnen.

Tabelle 9.1 zeigt das Assemblerprogramm der Maschinensteuerung mit dem 6502 Mikroprozessor.

Tabelle 9.1 Assemblerprogramm der Maschinensteuerung mit dem 6502 Mikroprozessor

Marke	Befehl	Adresse	Erläuterung
	LDA	#%0111 0000	Lade Akku mit Inhalt 0111 0000
	STA	$A003	Übertrage Akkuinhalt in das
			Daten-Richtungsregister
	LDA	#0	Alle Ausgänge
	STA	$A001	Null setzen
M1	LDA	#%0000 0011	Abfrage, ob Bit 0 und Bit 1
	Bit	$A001	des Ports $A000 "1" sind
	BEQ	M1	Schleife, solange nicht "1"
	LDA	#$10	Setzen des Bits 4, "Eilgang vor"
	STA	$A001	
M2	LDA	#$04	Abfrage, ob Bit 2
	Bit	$A001	des Ports $A000 "1" ist
	BEQ	M2	Schleife, solange Bit 2 nicht "1"
	LDA	$A001	
	AND	#%1110 0000	Löschen Bit 4, "Stop Eilgang vor"
	ORA	#%0010 0000	Setzen Bit 5, "Arbeitsgang"
	STA	$A001	
M3	LDA	#$08	Abfrage, ob Bit 3
	BIT	$A001	des Ports $A000 "1" ist
	BEQ	M3	Schleife, solange Bit 3 nicht "1"
	LDA	$A001	
	AND	#%1101 0000	Löschen Bit 5 "Stop Arbeitsgang"
	ORA	#%0100 0000	Setzen Bit 6, "Eilgang zurück"
	STA	$A001	
M4	LDA	#$00	Abfrage, ob Bit 0
	BIT	$A001	des Ports $A000 "1" ist
	BEQ	M4	Schleife, solange Bit 0 nicht "1"
	LDA	#$00	Löschen Bit 6
	STA	$A001	"Stop alle Bewegungen"
	JMP	M1	Zurück zum Start
	END		Programmende

9.4 Aufbau eines 16-Bit Mikrocomputers

Als Beispiel für einen 16-Bit Mikrocomputer soll hier der Rechner mit dem Mikroprozessor 68000 von Motorola betrachtet werden, [12], [13]. Im Gegensatz zum 8-Bit Prozessor 6502 besitzt der 68000 acht Datenregister und sieben Adreßregister mit einer Datenbreite von jeweils 32 Bit, *Bild 9.6* .
Intern können damit Byte-, Word- und Longword-Operationen durchgeführt werden. Mit den Datenregistern $D0$ bis $D7$ werden die Daten verarbeitet, mit den Adreßregistern $A0$ bis $A6$ werden Adressen gebildet.
Zwei weitere Adreßregister $A7$ und $A7'$ bilden den Anwender- und den Supervisor-Stackpointer. Der Baustein enthält ferner einen 32-Bit Programmzähler und ein 16-Bit Statusregister davon 8 Bit für den Anwender und 8 Bit für das System.

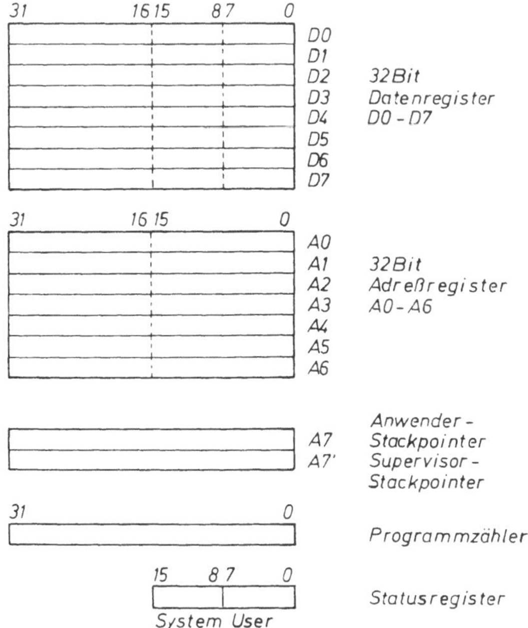

Bild 9.6 Aufbau des 16-Bit Mikroprozessors 68000

Nach außen hin besitzt der Prozessor einen 16-Bit Datenbus und einen 23-Bit Adreßbus. Damit lassen sich 8.388.608 Adressen ansteuern. *Bild 9.7* zeigt, wie der Datenbus für die Übertragung von Bytes, Words und Longwords organisiert ist und wie der Adreßbus die Adressen verwaltet.

15 8	7 0	
Byte 0	Byte 1	Bytes
Byte 2	Byte 3	

15 0	
Wort 0	Worte
Wort 1	
Wort 2	

15	0	
Langwort 0	obere Hälfte	Langworte
	untere Hälfte	
Langwort 1	obere Hälfte	
	untere Hälfte	

15	0	
Adresse 0	obere Hälfte	Adressen
	untere Hälfte	
Adresse 1	obere Hälfte	
	untere Hälfte	

Bild 9.7 Datenorganisation im Speicher des 16-Bit Mikrocomputers

Das Befehlsformat des 16-Bit Prozessors besteht aus ein bis fünf 16-Bit Wörtern. Die Länge des Befehls wird durch das erste Befehlswort bestimmt. Die weiteren Wörter bilden den Operanden oder die Adresse. Es sind 14 verschiedene Adressierungsarten möglich.

Der Befehlsvorrat des 68000 enthält

- Befehle für den Datentransport:
  MOVE-Befehle für den Transport zwischen Registern und Speichern
- arithmetische Befehle mit ganzen Zahlen:
  Addition, Subtraktion, Multiplikation und Division
- logische Befehle:
  UND, ODER, Exclusiv ODER, Inversion
- Schiebebefehle:
  Links- und Rechtsschieben, Links- und Rechtsrollen
- Befehle zur Bitmanipulation:
  Bitsetzen, -löschen und -testen
- Befehle zur Programmsteuerung und zur Systemsteuerung:
  Sprünge und andere Befehle, die das Statusregister benutzen usw.

Für Steuerungsprogramme sind insbesondere die logischen Befehle und die Befehle zum Schieben und Manipulieren der einzelnen Bits interessant.
Vorteilhaft sind auch die mehrfachen Interruptmöglichkeiten des Mikroprozessors 68000. Der Prozessor ist in der Lage, sieben Interrupt-Ebenen mit verschiedenen Prioritätsstufen zu verwalten. Dadurch sind genügend Gestaltungsmöglichkeiten vorhanden, auch komplizierte Aufgaben der Steuerungs- oder Regelungstechnik zu bewältigen.

Weiterführende Literatur insbesondere über 8-Bit und 16-Bit Prozessoren von Intel siehe [14].

Das Assembler-Programm für die Maschinensteuerung mit dem 68000 Mikroprozessor enthält *Tabelle 9.2* .

Tabelle 9.2 Assemblerprogramm der Maschinensteuerung mit dem 68000 Mikroprozessor

Marke	Befehl	Adresse	Erläuterung
	MOVE.B	#$70, PBDDR	Setzen der Datenrichtungen 0-3 Eingänge, 4-6 Ausgänge
M0	BTST	#0, PBDR	Abfrage des Schalters S_1
	BEQ	M0	Schleife, solange S_1 offen
M1	BTST	#1, PBDR	Abfrage des Schalters S_2
	BEQ	M1	Schleife, solange S_2 offen
	MOVE.B	#$10, PBDR	"Eilgang vor"
M2	BTST	#2, PBDR	Abfrage des Schalters S_3
	BEQ	M2	Schleife, solange S_3 offen
	MOVE.B	#$20, PBDR	"Stop, Arbeitsgang ein"
M3	BTST	#3, PBDR	Abfrage des Schalters S_4
	BEQ	M3	Schleife, solange S_4 offen
	MOVE.B	#$40, PBDR	"Stop, Eilgang zurück"
M4	BTST	#0, PBDR	Abfrage des Schalters S_1
	BEQ	M4	Schleife, solange S_1 offen
	MOVE.B	#0, PBDR	"Alle Bewegungen Stop"
	JMP	M1	Sprung zur Abfrage des Schalters S_2
	END		Programmende

9.5 Ein- und Ausgabeeinheiten des Computers (Interfaces)

Um die Daten von außen in den Computer hinein oder vom Computer nach außen in die Peripherie zu übertragen, werden spezielle Steckkarten benötigt, die sogenannte Interface-Schaltungen enthalten. Grundsätzlich werden dabei zwei verschiedene Verfahren angewendet:

- die Daten werden über mehrere Leitungen parallel übertragen (paralleles Port),
- die Daten werden über ein Leitungspaar hintereinander (seriell) übertragen (serielles Port).

Die Rechner sind meistens mit Standardbausteinen für die Ein- und Ausgabe ausgerüstet, die vom Programm angesteuert werden und eine Ein-, Ausgabe mit Quittungsbetrieb (Handshake) ermöglichen.

9.5.1 Das parallele Port

Die Daten werden als Bytes (8-Bit) oder Words (16-Bit) parallel ein- oder ausgegeben. Die Standardbausteine enthalten neben den reinen Ein- und Ausgangsports meistens zusätzliche Möglichkeiten, wie Timer- und Interrupt-Funktionen.
Im folgenden soll das Prinzip eines einfachen 8-Bit sowie eines umfangreicheren 16-Bit Peripherie-Bausteins erläutert werden.
Wie das Blockschaltbild *-Bild 9.8-* zeigt, ist der Interface- Baustein der Vermittler zwischen dem Daten-, Adreß- und Steuerbus des Rechners einerseits und den Ein- und Ausgangsklemmen der Peripherie andererseits.

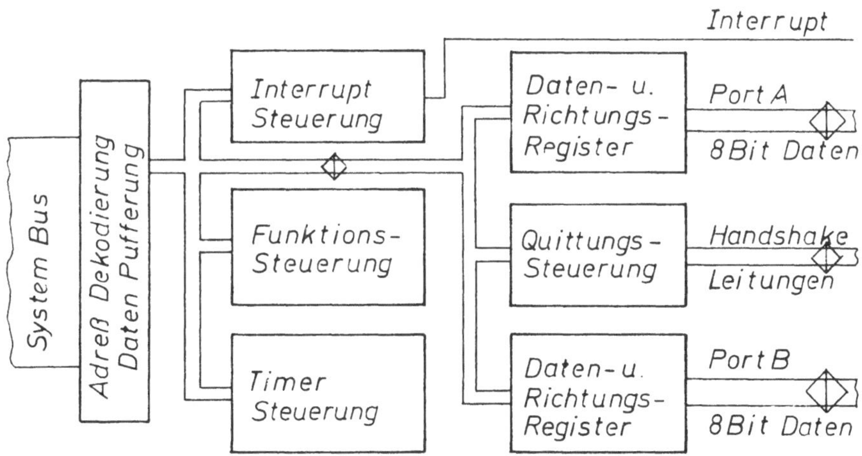

Bild 9.8 Blockschaltbild eines 8-Bit Ein-/Ausgabe-Bausteins

Die Richtungen der Ein- und Ausgabebits auf der Peripherieseite werden durch ein Datenrichtungsregister (Data Direction Register DDR) gesteuert. Port A und Port B besitzen je ein eigenes Datenrichtungsregister (DDRA, DDRB).
Es sind ferner zwei Steuerregister vorhanden, eines für die A-Seite, Control Register A (CRA) und eines für die B-Seite, Control Register B (CRB).
Durch Setzen entsprechender Bits in den Steuerregistern werden ganz bestimmte Möglichkeiten für den Datenquittungsbetrieb eingestellt.

Es können Interrupt-Eingänge festgelegt werden oder es kann ein Timer initialisiert werden, mit dem sich Zeitsignale einstellbarer Länge programmieren lassen.

Bild 9.9 zeigt das entsprechende Blockschaltbild eines 16-Bit Interface-Bausteins.

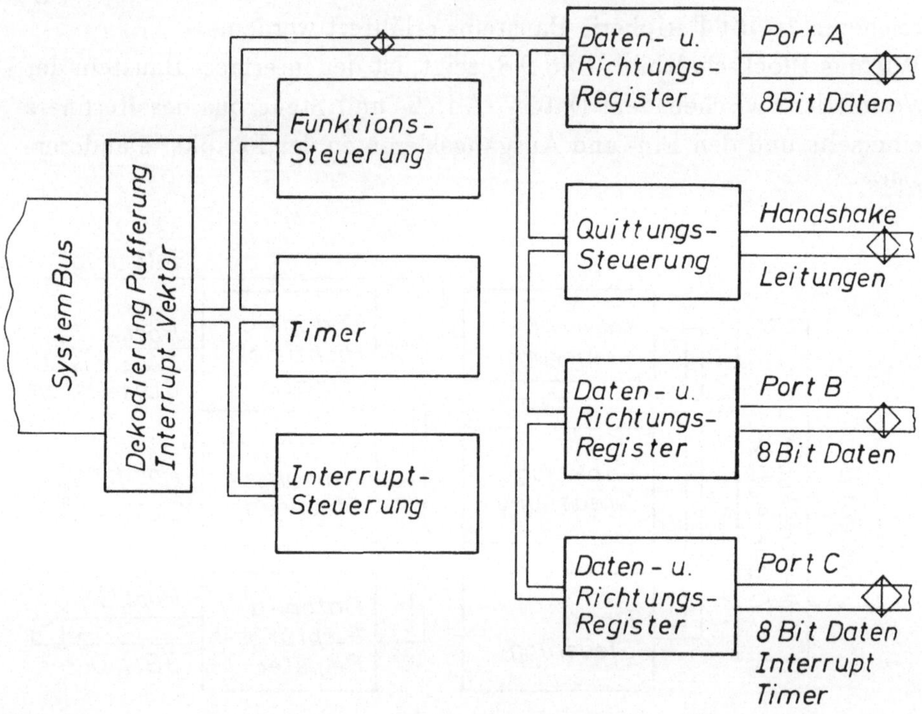

Bild 9.9 Blockschaltbild eines 16-Bit Ein-/Ausgabe-Bausteins

Das Bild zeigt auch hier die Vermittlerrolle des Bausteins zwischen Rechnerbus und Peripherieklemmen. Es sind drei jeweils 8-Bit breite Ports vorhanden, Port A, Port B und Port C. Port A und Port B lassen sich zu einem einzigen 16-Bit Port zusammenschalten. Außerdem besitzt der Baustein vier Handshakeleitungen für den Quittungsbetrieb oder für die Abtastung von Signalflanken. Ferner enthält dieser Baustein einen 24-Bit Timer. Die jeweiligen Betriebsweisen des Bausteins werden durch die Modus-Logik vorprogrammiert. Treiber dienen zur Bereitstellung der erforderlichen Übertragungsenergie.

Die Datenübertragung mit Quittungsbetrieb ermöglicht eine sichere Übergabe der Daten auch dann, wenn Rechner und Peripherie asynchron zueinander arbeiten, dieses ist der Normalfall. Der Rechner wird vom Rechnertakt gesteuert, während die Aktionen der Peripherie von den Gegebenheiten des Prozesses abhängen.

Bei der Übergabe peripherer Daten an den Rechner kann der Quittungsbetrieb z.B. folgendermaßen aussehen:

Sobald die Daten der Peripherie-Einheit mit Sicherheit an den Klemmen anliegen, fordert diese durch ein Low-Signal ($\overline{Str}$ = Strobe) den Rechner zur Bestätigung auf. Dieser holt sich daraufhin die Daten vom Port ab. Danach gibt er seinerseits ein Low-Signal ($\overline{Ack}$ = Acknowledge) an die Peripherie ab. Erst nachdem die Peripherie dieses Signal erhalten hat, darf sie neue Daten an die Klemmen des Ports übergeben.

Der Austausch der Quittungs-Signale erfolgt wie der Handschlag beim Kaufabschluß und hat daher den Namen "Handshake" erhalten.

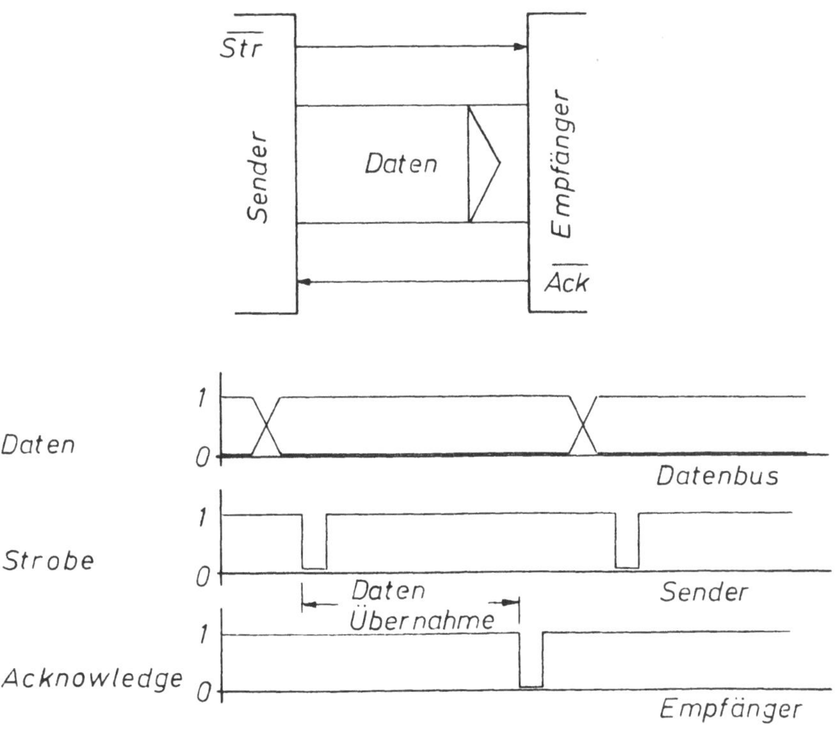

Bild 9.10 Dateneingabe mit Quittungsbetrieb

Der Zeitgeber (Timer) ermöglicht die Programmierung von Taktzeiten. Im Prinzip arbeitet der Timer so, daß er ein Register im Rechnertakt von einem eingegebenen Zahlenwert bis auf Null abwärts zählt und dann eine Interruptleitung auf Low zieht. Hierdurch kann eine Unterbrechung des laufenden Programms erfolgen. Der Rechner springt in die Interrupt-Routine, zählt dort z.B. einen Vervielfacher abwärts oder löst einen Alarm aus. Die Breite des Timer-Registers bestimmt die größte eingebbare Zahl. Bei 24 Bit ist das die Zahl 16.777.216.

9.5.2 Serielle Schnittstellen

Bei einer seriellen Schnittstelle werden die Daten Bit für Bit hintereinander über eine einzige Signalleitung geleitet. Erst wird Bit 0 übergeben, dann nacheinander alle folgenden Bits bis Bit 6, wenn z.B. ein aus sieben Bits bestehendes ASCII-Zeichen übermittelt werden soll, *Bild 9.11*.

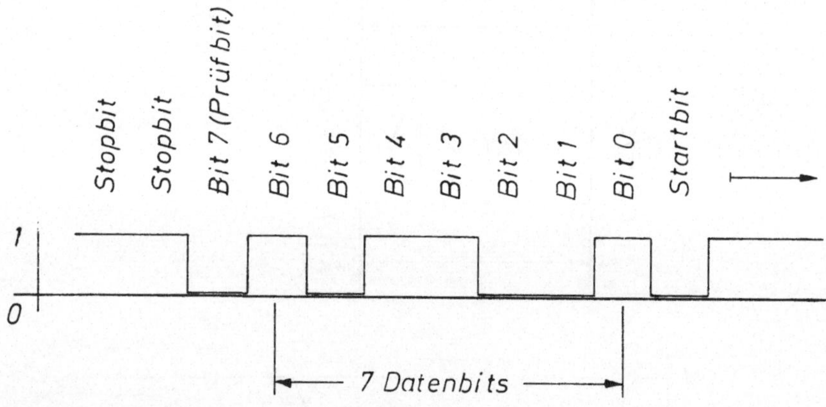

Bild 9.11 Serielle Datenübergabe

Das Bitmuster, das die Information enthält, wird von weiteren Bits eingerahmt, die die Schnittstellenfunktion steuern. Bei jedem neuen Zeichen wird die serielle Übermittlung mit einem Startbit begonnen. Nach Durchlauf des Zeichens zeigen ein oder zwei Stoppbits an, daß die Übergabe beendet ist. Das Bit Nr. 7 wird beim 7-Bit-Code zur Datenprüfung benutzt. Es wird beim Senden der Daten automatisch so gesetzt, daß es die Anzahl der "1"-Bits innerhalb des Zeichens zu einer geraden Zahl ergänzt.

Beim Empfang der Daten kann der Rechner aus dem Wert des Paritätsbits und der Anzahl der übermittelten "1"-Bits erkennen, ob ein Bitübertragungsfehler aufgetreten ist.

9.5.2.1 Die V.24-Schnittstelle

Die serielle V.24-Schnittstelle ist in der DIN 66 020 genormt. Die amerikanische Normung ist als RS 232C Schnittstelle bekannt.
Die Bits werden durch Gleichspannungspegel dargestellt. Das Signal ist "logisch high", wenn es im Bereich zwischen -3V und -15V liegt. Es wird als "logisch low" interpretiert, wenn sich der Signalpegel zwischen +3V und +15V befindet.
Der Bereich -3V bis +3V ist nicht definiert. Das Signal darf also keinen Spannungswert aus diesem Bereich annehmen.

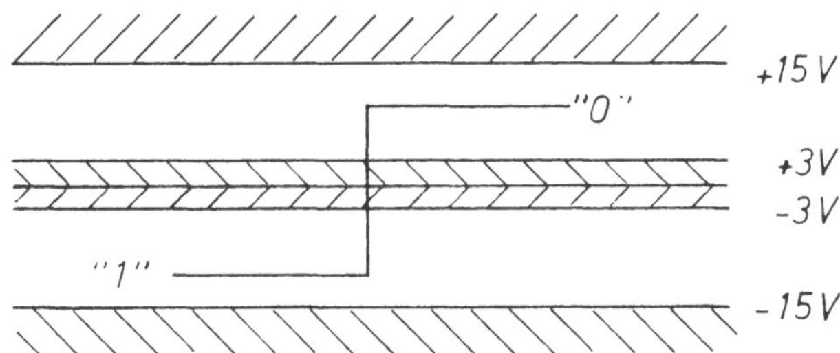

Bild 9.12 Signalpegel der V.24-Schnittstelle

Der Baustein für die serielle Ein- und Ausgabe der Daten muß eine Datenwandlung parallel-seriell bzw. seriell-parallel durchführen, weil die Daten innerhalb des Rechners stets über den parallelen Datenbus übertragen werden. Damit der serielle Datendurchsatz mit dem der Peripherie übereinstimmt, muß die Schnittstelle in der Lage sein, bestimmte genormte Übertragungsgeschwindigkeiten einzuhalten.
Übliche Werte für die Übertragungsrate (1 Baud = 1 Bit/s) sind:

110, 150, 300, 600, 1200, 2400, 4800, 9600 und 19200 Baud.

Standardbaustein für die serielle Datenübertragung ist der USART-Baustein (Universal Synchronous Asynchronous Receiver Transmitter). *Bild 9.13* zeigt den Aufbau dieses Bausteins. Auf der Peripherieseite werden die Daten über die Leitung RxD (Receive Data) seriell ein- und über die Leitung TxD (Transmit Data) seriell ausgegeben.

Über RC und TC können die Taktfrequenzen für das Senden und Empfangen gesteuert werden. RTS, DSR und DTR (Request To Send, Data Set Ready, Data Terminal Ready) sind Handshakeleitungen für den Quittungsbetrieb. Alle Signale beziehen sich auf GND (Ground).

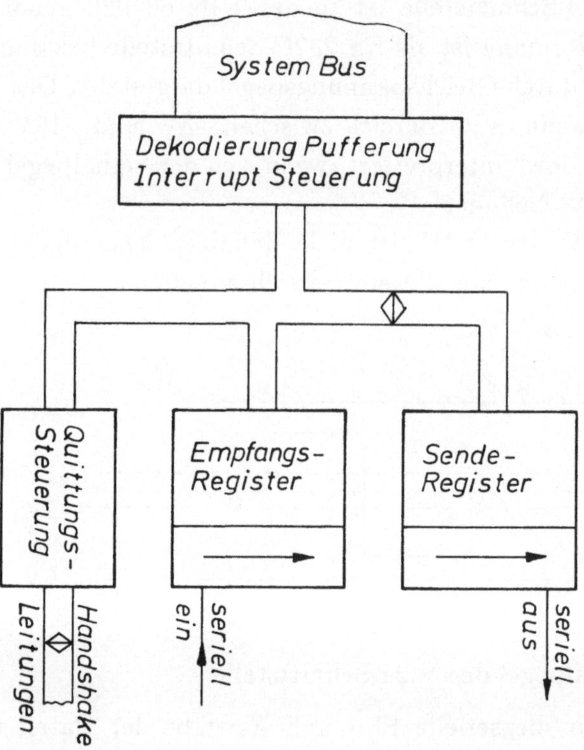

Bild 9.13 Aufbau des USART-Bausteins zur seriellen Datenübertragung

Auf der Rechnerseite befinden sich die Anschlüsse für den Datenbus D0 bis D7, und die Steuerleitungen für die Datenübergabe und die Adreßauswahl.

Die serielle Datenübertragung kann im Simplexbetrieb erfolgen, dann werden die Daten nur in einer Richtung vom Sender zu Empfänger übertragen. Erfolgt sie im Vollduplexbetrieb, so können die Daten gleichzeitig in beide Richtungen übertragen werden. Der Halbduplexbetrieb erlaubt die Datenübertragung in beide Richtungen, jedoch nur abwechselnd hintereinander.

9.5.2.2 Die RS485-Schnittstelle

Während die V.24-Schnittstelle jeweils nur eine Peripherieeinheit mit dem Rechner verbindet, benötigt man zum Aufbau von Peripheriebussen, z.B. von Feldbussen (Abschnitt 10), eine leistungsfähige und gegen Störungen weitgehend unempfindliche serielle Schnittstelle, die mit mehreren Peripherieeinheiten zusammengeschaltet werden kann. Dieses ist mit der RS485-Schnittstelle möglich.
Im Entwurf der DIN 66259, Teil 4, sind die elektrischen Eigenschaften festgelegt. Es handelt sich um eine Zweidraht-Verbindung mit verdrillten Leitungen, die Übertragungsgeschwindigkeiten von bis zu 1 Mbit/s zuläßt. *Bild 9.14* zeigt das Schema der Schnittstelle mit dem zulässigen Wertebereich der zwischen den Leitern liegenden Spannungen.
Die Besonderheit der RS485 Schnittstelle liegt darin, daß die Daten-Signale durch Spannungsdifferenzen dargestellt werden. Die zulässigen Spannungen liegen zwischen -7 und +12 V. Ist die Potentialdifferenz zwischen A und B negativ, so herrscht auf der Datenleitung der Signalzustand "1", ist die Spannungsdifferenz positiv, so herrscht der Signalzustand "0". Für $-0,3\ V < 0 < +0,3\ V$ ist kein Signalzustand definiert.
In *Bild 9.15* ist die Zweidraht-Mehrpunktverbindung schematisch dargestellt.

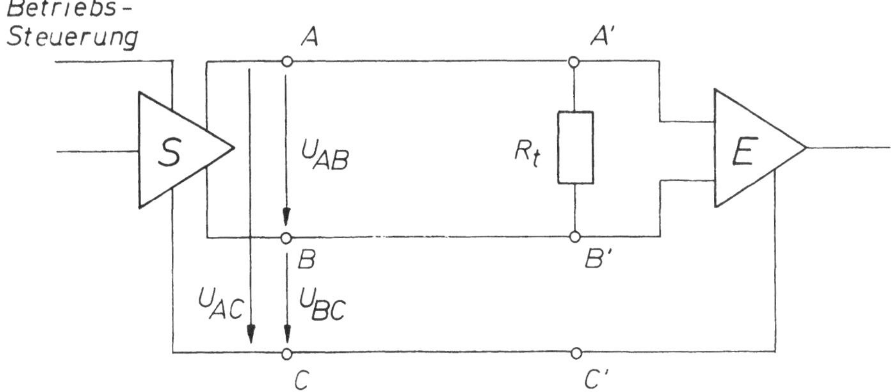

Bild 9.14 Schema der Schnittstelle RS485

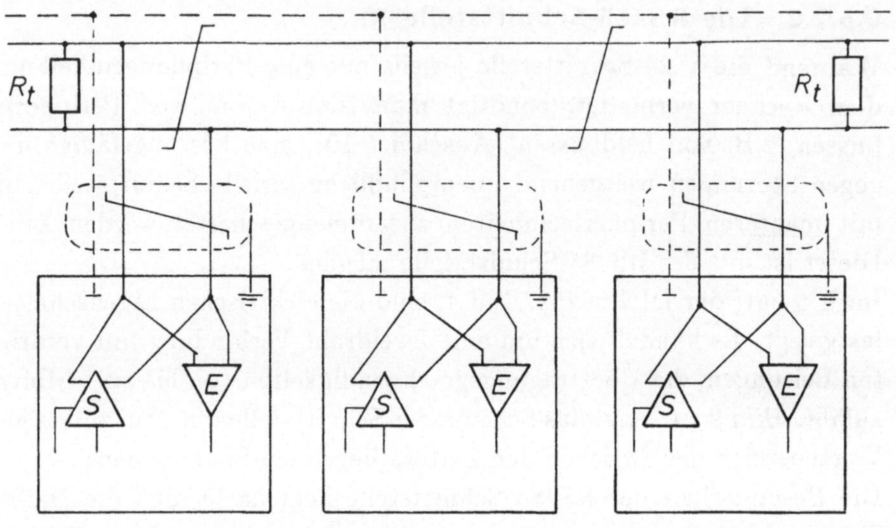

Bild 9.15 Zweidraht-Mehrpunkt-Verbindung

Die verdrillte Zweidrahtleitung muß an beiden Enden durch Abschlußwiderstände abgeschlossen sein.
Die Übertragungsgeschwindigkeit ist abhängig von der Kabellänge. In der Praxis ist bei 200 m Kabellänge ein Datenstrom bis zu 500 KBaud (500.000 Bit/s) möglich. Bei einer Länge von 1200 m beträgt der mögliche Durchsatz noch 93 KBaud. Ein Sender muß 32 Empfänger versorgen können.
Größere Kabellängen und höhere Teilnehmerzahlen sind bei Verwendung von Zwischenverstärkern möglich.

9.6 Programmierung einer Steuerung mit einer höheren Programmiersprache

9.6.1 Programmierung in Pascal

9.6.1.1 Logische Operationen in Pascal

Pascal kennt für Variablen des Typs BOOLEAN (Boolesche Variablen) die Befehle: AND, OR, NOT
für das logische UND, das logische ODER und die Verneinung.
Die Booleschen Variablen können nur die beiden Werte TRUE oder FALSE annehmen. Alle Variablen müssen zu Beginn des Programms definiert werden.

Das Pascal Programm für die logische Funktion $y = a \wedge b$ lautet dann:

```
program log_und ;
var a, b, y   :   boolean ;
begin
     y := a and b ;
end .
```

Entsprechend lauten die Pascal-Anweisungen

für $y = a \vee b$: y := a or b ;
und für $y = \overline{a}$: y := not a;

Als Beispiel soll hier die logische Funktion
$y = (\overline{a} \wedge \overline{b} \wedge c) \vee (a \wedge \overline{b} \wedge c) \vee (\overline{a} \wedge b \wedge c) \vee (a \wedge b \wedge c)$
in Pascal programmiert werden:

```
program example ;
var a, b, c, y   :   boolean ;
begin
     y := ((not a) and (not b) and c)
          or (a and (not b) and c) or ((not a) and b and c)
          or (a and b and c) ;
end.
```

Die logischen Befehle in Pascal können mit dem Simulationsprogramm *LOG_PAS* im Anhang überprüft werden, vgl. S. 28 .

9.6.1.2 Bitweise Operationen in Pascal

Für die bitweisen logischen Verknüpfungen UND, ODER, Exklusiv-ODER und die bitweise Verneinung (Bitweise Operationen vgl. S.89) sowie für die bitweise Verschiebung eines Bitmusters sind in Pascal die folgenden sechs Befehle vorhanden:

Operator	Operation
AND	UND-Verknüpfung von Bits
OR	ODER-Verknüpfung von Bits
XOR	Exklusive-ODER-Verknüpfung von Bits
SHL	Bit-Verschiebung nach links
SHR	Bit-Verschiebung nach rechts
NOT	Negation von Bits

Im Unterschied zu den einfachen logischen Befehlen, für die die Operanden als Boolesche Variablen definiert sein müssen, müssen die Operanden für die bitweisen Operationen als Integer-Variablen definiert werden.

Bitweise Operationen sind für die Steuerungstechnik sehr nützlich, weil man mit ihnen unmittelbar auf die Bitmuster der Ein- und Ausgangsports einwirken kann.

Mit dem Programm *BIT_PAS* im Anhang können die oben angegebenen Befehle in ihrer Funktion überprüft werden.

Weiterführende Literatur: [15].

9.6.2 Programmierung in der Sprache C

9.6.2.1 Logische Operationen in C

In der Programmiersprache C gibt es die folgenden logischen Befehle:

Operator	Operation
&&	UND-Verknüpfung zweier Variablen
||	ODER-Verknüpfung zweier Variablen
!	Verneinung einer logischen Variablen

Die logische Funktion

$y = (\bar{a} \wedge \bar{b} \wedge c) \vee (a \wedge \bar{b} \wedge c) \vee (\bar{a} \wedge b \wedge c) \vee (a \wedge b \wedge c)$

wird in C durch folgende Befehlszeile programmiert:

$y = (!a\ \&\&\ !b\ \&\&\ c)||(a\ \&\&\ !b\ \&\&\ c)||(!a\ \&\&\ b\ \&\&\ c)||(a\ \&\&\ b\ \&\&\ c);$

Die Operanden der logischen Funktionen müssen als Integer-Variablen definiert werden.
Die in C programmierten logischen Funktionen können mit dem Programm *LOG_CPP* im Anhang getestet werden.

9.6.2.2 Bitweise Operationen in C

Bitweise Operationen können in C mit den folgenden sechs Operatoren programmiert werden:

Operator	Operation
&	UND-Verknüpfung von Bits
|	ODER-Verknüpfung von Bits
^	Exklusive-ODER-Verknüpfung von Bits
<<	Bit-Verschiebung nach links
>>	Bit-Verschiebung nach rechts
~	Bit-Komplement (unär)

Die bitweisen Operatoren können nur auf Integer-Operanden angewendet werden. Dieses sind die Operanden
char (8-Bit-ASCII-Zeichen), short (16 Bit), int (16 bzw. 32 Bit je nach Rechnertyp), long (32 Bit).

Beispiele für das Bithandling von Ausgangsdaten:

PORTDATA sei die Variable für das Datenregister eines Ausgangsports, MASKE die Variable für eine Maske, die die Bitübergabe steuert.

Setzen von Bits im Datenregister des Ausgangsports:

Die Anweisung PORTDATA = PORTDATA | MASKE ;

setzt im Ausgangsport alle diejenigen Bits auf "1", die in der Maske eine "1" enthalten, vgl. Kapitel 9.2 .
Die anderen Bits behalten ihren Zustand bei.

Löschen von Bits im Datenregister des Ausgangsports:

Die Anweisung PORTDATA = PORTDATA & MASKE ;

löscht im Ausgangsport alle Bits, die in der Maske "0" sind.
Die übrigen Bits behalten ihren Zustand bei.

Invertieren von Bits des Ausgangsports:

Die Anweisung PORTDATA = PORTDATA ^ MASKE ;

invertiert alle diejenigen Bits des Ausgangsports, die in der Maske den Zustand "1" besitzen.

Beispiel für das Bithandling von Eingangsdaten:

Auf EINDATA sollen die Daten eines Eingangsports ankommen.
MASKE sei die Variable einer Maske, deren untere 4 Bits "0" enthalten.
DATA sei die Variable, die die manipulierten Eingangsdaten aufnehmen soll.

Ausblenden und Verschieben von Eingangsbits:

Die Befehlsfolge DATA = EINDATA & MASKE ;
DATA = DATA >> 4 ;

unterdrückt die vier unteren Bits des ankommenden Bytes und schiebt die vier oberen an die Stelle der vier unteren.

Weiterführende Literatur: [16].

10 Prozeßsteuerungen über Feldbussysteme

Sollen von einem Computer oder von einer SPS innerhalb eines Prozesses mehrere Einheiten gesteuert werden, so müssen bei analogen oder binären Signalen zu jedem Sensor oder Aktor mindestens eine Signalleitung und eine Rückleitung geführt werden. Handelt es sich um digitale Signale, so ist eine Vielzahl von Leitungen pro Meß- oder Stellgröße erforderlich.

Aus *Bild 10.1* ist ersichtlich, daß sich dadurch sehr schnell komplizierte und aufwendige Verkabelungen ergeben, die störanfällig sind und in der Anschaffung und Unterhaltung teuer werden können.

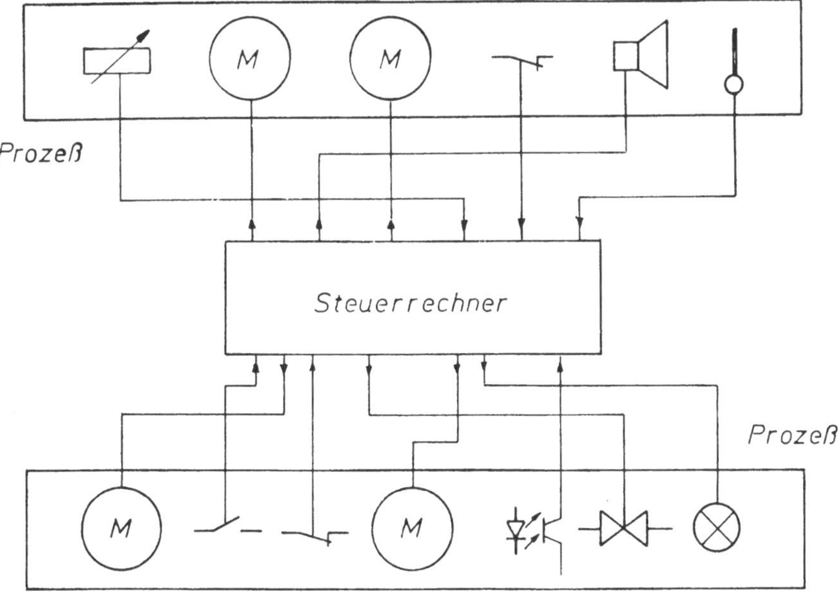

Bild 10.1 Konventionelle Verkabelung einer Prozeßsteuerung

10.1 Das Bus-Konzept

Sehr viel einfacher wird die Verkabelung, wenn die Sensoren und Aktoren nicht einzeln sondern über ein Bussystem mit dem Rechner verbunden sind. Der Bus leitet die Information in serieller Form vom Sender an den Empfänger über eine oder nur wenige Übertragungsleitungen, die von einer Steuereinheit zur anderen weitergeführt werden. Zusätzlich ist nur die Rückleitung erforderlich.

10.1.1 Busstrukturen

Der Bus kann, wie *Bild 10.2* zeigt, grundsätzlich verschiedene Formen haben. Man unterscheidet den sternförmigen, den linienförmigen und den ringförmigen Bus.
Jeder Teilnehmer des Bus-Systems muß eine Adresse besitzen, unter der er aufgerufen und angesprochen werden kann.

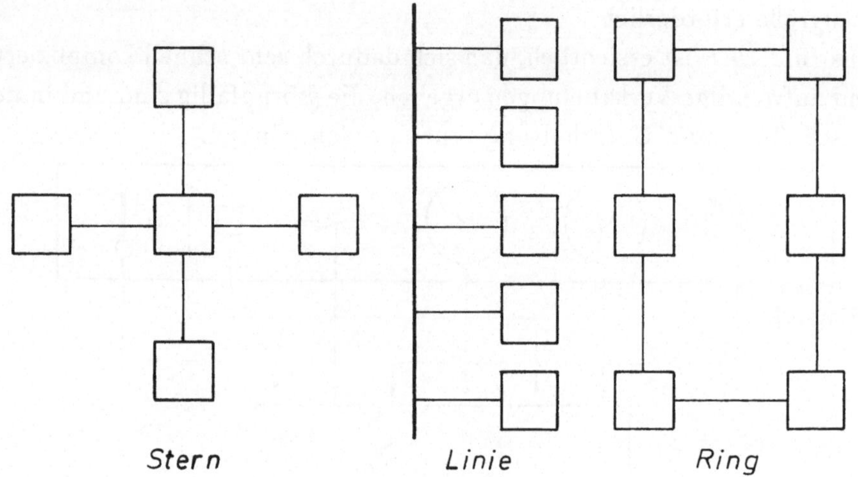

Bild 10.2 Unterschiedliche Busstrukturen

Für den Zugriff eines Teilnehmers auf den für alle gemeinsamen Datenbus muß ein bestimmtes Buszugriffsverfahren vereinbart werden. Ohne eine derartige Vereinbarung wäre ein geordneter reibungsloser Datenverkehr nicht möglich.

10.1.2 Buszugriffsverfahren

Der Buszugriff kann von einer übergeordneten Stelle kontrolliert erfolgen, er kann aber auch in mehr demokratischer Art von den Teilnehmern selbst vereinbart werden.
Beim Master-Slave Verfahren wird die Zuteilung des Zugriffs von einem Steuerrechner zentral vorgenommen. Dieser fragt die angeschlossenen Teilnehmer zyklisch ab, ob sie senden möchten und vergibt dann den Buszugriff nach festgelegten Prioritätsregeln. Bevor der Teilnehmer an den Bus gehen kann, ist der Zugriff geregelt.

Beim Tokenprinzip sind alle Teilnehmer gleichberechtigt, es gibt keinen festen Master. Die Berechtigung, auf den Bus zugreifen zu dürfen, wird vielmehr von Teilnehmer zu Teilnehmer weitergereicht und durch das Token angezeigt.
Das Token ist eine Art Telegramm, das über den Bus läuft und meldet, wer von den Teilnehmern gerade die Masterfunktion innehat. Der Buszugriff wird nach einem festgelegten Zeitintervall weitergegeben.
Die Weitergabe erfolgt beim Token-Bus unabhängig von der physikalischen Form des Busses z.B. über die Reihenfolge der Teilnehmeradressen im sogenannten logischen Ring.
Beim Token-Ring-Verfahren ist der Bus physikalisch ringförmig ausgeführt. Die Information wird über diesen Ring von einem Teilnehmer zum nächsten weitergeleitet, bis sie den richtigen Empfänger erreicht. Auch das Token wird auf diese Weise durch den Ring geleitet.

Neben den oben erwähnten gesteuerten Zugriffsverfahren gibt es die zufälligen Buszugriffsverfahren. Beim zufälligen Buszugriff hören die Teilnehmer den Bus ab. Wenn ein Teilnehmer senden möchte, wartet er, bis der Bus frei ist und beginnt dann, seine Daten zu übertragen. Bei diesem Verfahren kann es vorkommen, daß mehrere Teilnehmer zur gleichen Zeit auf den Bus zugreifen und senden wollen. Dann kommt es zu Störungen in der Übertragung. Das Problem kann auf verschiedene Art und Weise gelöst werden.
Eine Möglichkeit ist, Vorsorge zu treffen, daß ein Zusammenprall der Nachrichten gar nicht erst geschehen kann. Man bezeichnet diesen Weg mit CSMA/CA (Carrier Sense Multiple Access, Collision Avoidance).
Die zweite Möglichkeit ist, die Übertragung zu überwachen und bei einer Kollision bestimmte Maßnahmen zu treffen. Man spricht dann von dem CSMA/CD (. . . Collision Detection) Verfahren.
Beim CSMA/CD stellen die beiden Teilnehmer, die gleichzeitig auf Sendung waren, ihre Übertragung ein, nachdem sie gemerkt haben, daß es zu einer Kollision gekommen ist. Jeder von ihnen versucht, die Nachricht nach einem zufällig gewählten Zeitintervall noch einmal abzusetzen.

Beim CSMA/CA sind den Teilnehmern Prioritäten zuerkannt. Dann wird bei gleichzeitiger Sendung die Nachricht mit der höheren Priorität durchgelassen, während der Sender mit der niedrigeren Priorität den Sendeversuch abbricht und zu einem späteren Zeitpunkt wiederholt.

10.1.3 Datensicherung

Störsignale aus der Umgebung, wie sie z.B. in der Fabrikhalle durch das Ein- und Ausschalten großer elektrischer Verbraucher oder den Betrieb von Stromrichtern entstehen oder die im Kraftfahrzeug infolge des Zündvorgangs auftreten, können die Datenübertragung über den Feldbus erheblich beeinträchtigen.

Bei der Zweidrahtleitung dient das Verdrillen der Leiter dazu, die Einstreuung magnetischer Störfelder möglichst gering zu halten.

Auch die Maßnahme der galvanischen Trennung innerhalb der Signalübertragung durch Optokoppler soll die Störungen von vorneherein weitgehend unterdrücken.

Trotzdem können durch defekte Leitungen und Bauteile oder durch Nachlässigkeiten beim Aufbau der Verbindung Übertragungsfehler auftreten.

Es muß daher mit der Datenübertragung auch eine Datenprüfung einhergehen, so daß der Bus einen Fehler erkennen und auf ihn reagieren kann. Zum Beispiel kann der Bus bei Erkennen eines Übertragungsfehlers die Nachricht einmal oder mehrfach wiederholen. Hält die Störung dennoch weiter an, muß er eine Meldung abgeben und die Übertragung einstellen.

In der Norm DIN 66 219 sind die Verfahren zur Datensicherung aufgeführt. Man unterscheidet die Verfahren der Längsparität, der Querparität und der Kreuz- bzw. Blockparität.

Das Verfahren der Querparität VRC (Vertical Redundancy Check) prüft das übertragene Zeichen auf die gerade bzw. ungerade Anzahl der in ihm enthaltenen "1"-Bits. Am Ende des Zeichens wird ein sogenanntes Paritätsbit zugefügt, das die Anzahl z.B. immer auf eine gerade Zahl ergänzt. Der Empfänger kann dann erkennen, ob er alle Bits richtig empfangen hat oder ob ein Bit falsch übertragen wurde. Man spricht von der Hammingdistanz HD = 2. Das bedeutet, es kann nur erkannt werden, daß ein Bit falsch gesetzt worden ist.

Bei der Längsparität LRC (Longitudinal Redundancy Check) wird je ein Paritätsbit für jede Bitspalte eines aus mehreren Zeichen gebildeten Datenblocks gebildet und angehängt.

Bei der Kreuzparität, auch Blockparität genannt, werden beide Verfahren miteinander kombiniert. Man erhält dadurch einen Blocksicherungscode mit der Hammingdistanz HD = 4. Das bedeutet, daß einfache, zweifache und dreifache Fehler erkannt werden können.

Bei Feldbussen findet häufig das Blocksicherungsverfahren mit zyklischen Codes CRC (Cyclic Redundancy Check) Anwendung. Bei diesem wird der Datenblock als Zahl (Polynom) interpretiert.
Die Dualzahl ist wie ein Polynom aufgebaut:
$11001010 = (1*2^7 + 1*2^6 + 0*2^5 + 0*2^4 + 1*2^3 + 0*2^2 + 1*2^1 + 0*2^0)$
Auf der Sendeseite wird aus dem Informationspolynom I(x) und dem Generatorpolynom G(x) ein Prüfpolynom r(x) gebildet. Aus diesem wird das Sendepolynom N(x) berechnet. Es stellt einen cyclischen Code dar und läßt sich ohne Rest durch G(x) teilen.
Wird auf der Empfängerseite das Empfangspolynom E(x) gebildet, so läßt es sich bei Auftreten eines Störpolynoms S(x) nicht mehr ohne Rest durch G(x) teilen. Auf diese Weise kann ein Datenfehler erkannt werden.

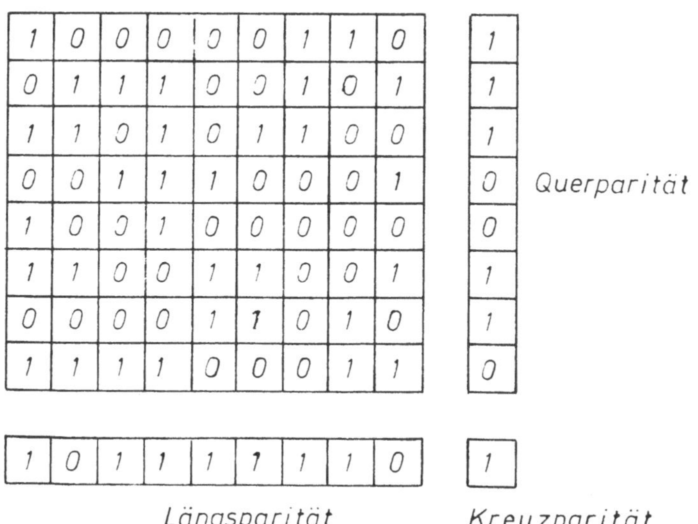

Bild 10.3 Quer-, Längs- und Kreuzparität

Mit dem CRC-Verfahren kann man Hammingdistanzen bis zu HD = 6 erreichen. *Bild 10.3* zeigt Datensicherungsverfahren mit Quer-, Längs- und Kreuzparität. Jede Zeile bzw. jede Spalte des Datenblocks ist durch das Paritätsbit auf eine gerade Anzahl von "1"-Bits ergänzt. Die so entstandene Spalte bzw. Zeile der Paritätsbits wird durch ein Blockparitätsbit auf eine gerade Zahl von "1"-Bits ergänzt.

10.1.4 Allgemeines Datenübertragungsprotokoll

Das Protokoll enthält die Datenformate und Steuerungsprozeduren, die für die Kommunikation über den Bus erforderlich sind. Ein allgemeines Protokoll ist in *Bild 10.4* dargestellt.

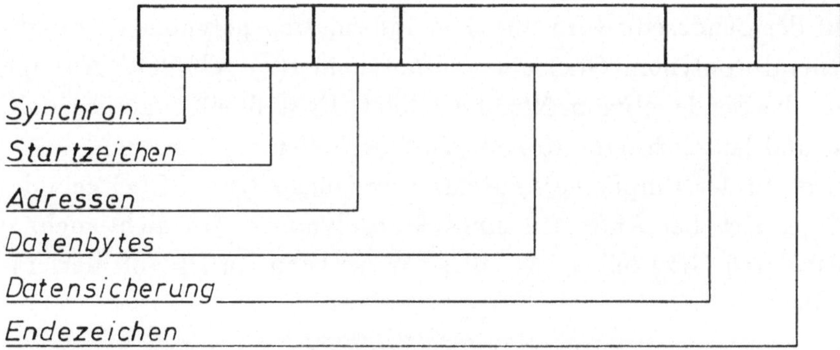

Bild 10.4 Allgemeines Protokoll der Datenübertragung

Es handelt sich in diesem Fall um ein zeichenorientiertes Protokoll, das heißt, daß das Protokoll aus Bitgruppen gleicher Länge, z.B. ASCII-Zeichen zusammengesetzt ist.

Die Synchronisierungsbits dient dazu, daß der Empfänger sich auf den Sendetakt einstellen kann.

Es folgt ein Startzeichen, das den Beginn der Nachricht anzeigt.

Es folgen Angaben über die Adresse des Teilnehmers oder die Adressen der Datenquelle und des Datenziels.

Die eigentliche Dateninformation hat eine bestimmte Länge und bildet das Zentrum des Protokolls.

Den Datenbytes sind die Datensicherungszeichen angehängt.

Das Protokoll endet mit einem Endezeichen.

10.2 Das OSI-Referenzmodell

Feldbusse fügen sich in das OSI (Open System Interconnection) Referenzmodell ein, das von der International Standards Organization (ISO) aufgestellt wurde, um den Aufbau von Netzwerken zu normen.

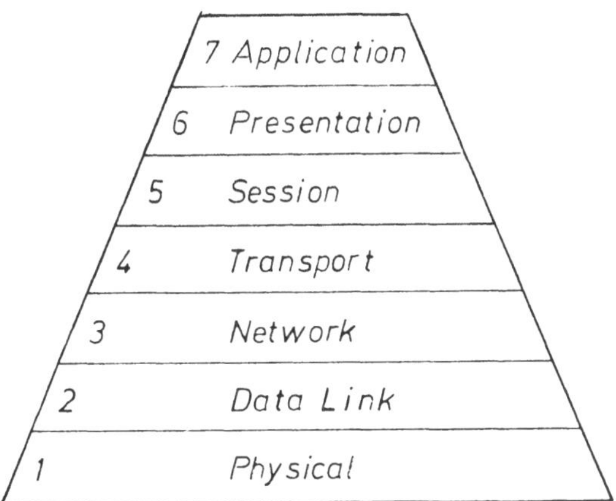

Bild 10.5 OSI-Referenzmodell

Das Referenzmodell der ISO teilt den Informationsaustausch der Netzwerkteilnehmer in sieben Funktionsebenen (Schichten) ein.

Schicht 1 *(Physical Layer)*:
Die physikalische Schicht ist die Ebene der Bitübertragung.
Sie definiert die mechanischen, elektrischen und funktionalen Parameter der physikalischen Schnittstelle. In ihr sind die Übertragungsgeschwindigkeit, die Länge der übertragenen Zeichen, das Übertragungsmedium, der Spannungspegel usw. enthalten.

Schicht 2 *(Data Link Layer)*:
Diese Schicht ist die Ebene der Datensicherung.
Sie beschreibt das Zuteilungsverfahren und legt die Prioritäten fest.

<u>Schicht 3 *(Network Layer)*:</u>
Dies ist die Vermittlungsschicht. In ihr wird festgelegt, welchen Weg die Datenübertragung innerhalb eines Netzwerks nehmen soll. Diese Ebene hat hauptsächlich bei ausgedehnten komplexen Datennetzen Bedeutung, z.B. bei Telefonverbindungen.

<u>Schicht 4 *(Transport Layer)*:</u>
Die Transportschicht dient der Übertragungssteuerung. Sie legt die Art der Datenquittierung (handshake) fest und stellt Prozeduren zur Fehlererkennung und Fehlerbehebung zur Verfügung. In dieser Schicht wird auch festgelegt, ob Daten wiederholt übertragen werden sollen.

<u>Schicht 5 *(Session Layer)*:</u>
Die Kommunikationssteuerschicht organisiert den Ablauf der Kommunikation. Sie sorgt für ein ordnungsgemäßes Wiederanlaufen nach einem Abbruch.

<u>Schicht 6 *(Presentation Layer)*:</u>
Die Darstellungsschicht legt den Code fest, mit dem die Daten übertragen werden und sorgt für die richtige Interpretation der Daten.

<u>Schicht 7 *(Application Layer)*:</u>
Die Anwendungsschicht enthält die anwendungsspezifischen Dienste der Schnittstelle. Sie beschreibt, wie die übertragenen Daten verarbeitet werden sollen.

Feldbusse sollen Meß- und Steuer-Informationen direkt vor Ort zwischen den Steuereinrichtungen und den Steuerstrecken im Prozeß übertragen. Deshalb sind für sie im allgemeinen nur die Schichten 1 und 2 und die Schicht 7 maßgebend.

10.3 Verschiedene Feldbussysteme

10.3.1 Der BITBUS

Der BITBUS ist ein von der Firma Intel ursprünglich zur Vernetzung von Mikroprozessoren entwickelter Bus, der inzwischen in die Norm Eingang gefunden hat, Institute of Electrical and Electronics Engineers Inc., IEEE 1118.

Der Bus hat lineare Struktur. Die Busteilnehmer sind hintereinander an die gemeinsame Busleitung angeschlossen. Ein Leitrechner bildet den Master. Er kann die einzelnen Teilnehmer, die Slaves, ansprechen und sich von diesen Informationen holen.

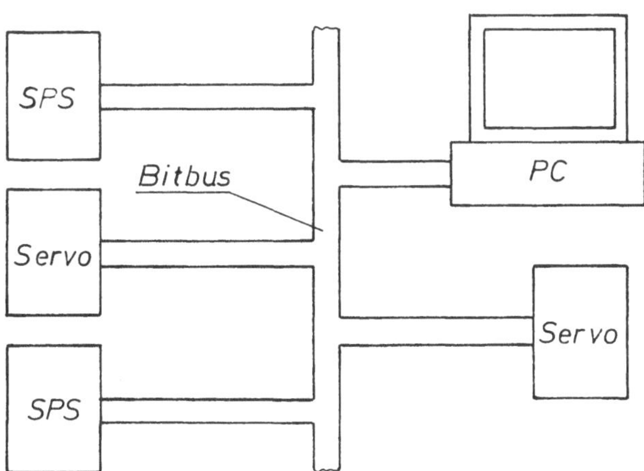

Bild 10.6 Struktur des BITBUS

Die Verbindung des Masters mit den Teilnehmern des Systems, den Slaves, erfolgt mit Hilfe der RS 485 Schnittstelle mit einer verdrillten Zweidraht-Leitung. Es können bis zu 250 Einheiten an den Master angeschlossen werden. Jeder Teilnehmer besitzt einen eigenen Mikrocontroller Baustein mit integrierter Software, die ein Multitasking-Betriebssystem und ein Bus-Kommunikationsprogramm enthält.

Der Slave kann über sein Betriebssystem unabhängig vom Bus Ein- und Ausgangsdaten selbständig verarbeiten. Wird er jedoch über seine

Adresse vom Master angesprochen, so wird das Anwenderprogramm unterbrochen und erst nach der Abarbeitung des BITBUS-Kommandos automatisch wieder aufgenommen.
Die Kommunikation auf dem BITBUS erfolgt über ein Telegramm mit 43 Bytes Daten im SDLC-Format.
Die Datensicherung basiert auf dem Cyclic Redundancy Check Verfahren (CRC), HD = 4.

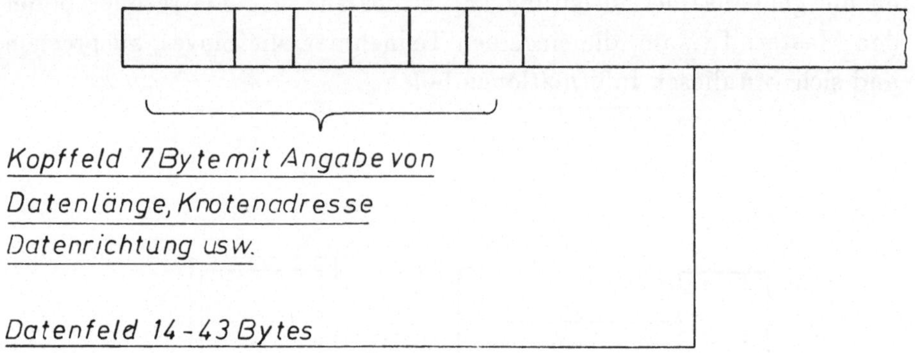

Bild 10.7 Protokoll des BITBUS

Das Programm, das die Kommunikation mit dem Bus ermöglicht, heißt RAC-Programm (RAC = Remote Access Control). Außer der RAC-Task kann der Mikrocontrollerbaustein des BITBUS-Teilnehmers sieben weitere USER-Tasks verarbeiten. Die Programmierung dieser Tasks erfolgt durch Hochsprachen, z.B. durch die Programmsprache C. Die Tasks können auch durch Befehle der Anweisungsliste programmiert werden, wie sie bei der Programmierung einer SPS üblich sind.

Der BITBUS wird als Kommunikationsbus zwischen mehreren SPS eingesetzt. Er dient aber auch zur Kommunikation zwischen einem Netz übergeordneter Leitrechner und den SPS in der Produktion. Sein Einsatz erweist sich überall dort als sinnvoll, wo mittlere Datenmengen zwischen intelligenten Automatisierungsstationen transportiert werden sollen.

Seit 1962 besteht eine Nutzerorganisation, die sich die Förderung des BITBUS zur Aufgabe gemacht hat. Es ist dies die BITBUS European Users Group (BEUG) in Baden-Baden.

10.3.2 Der CAN-Bus

CAN ist die Abkürzung für Controller Area Network.
Ursprünglich wurde der CAN-Bus für den Einsatz in Kraftfahrzeugen entwickelt. Statt jeden Verbraucher - Scheinwerfer, Hupe, Stellmotor für Fensterheber oder Sitzverstellung usw. - einzeln mit den Schaltelementen zu verbinden und mit den steigenden Ansprüchen an den Komfort immer kompliziertere Kabelbäume verlegen zu müssen, kann die Vielzahl der Verbraucher beim Bus-System über eine Ringleitung mit Energie versorgt werden und über den Bus die entsprechenden Steuersignale empfangen.
Ebenso kann man über einen weiteren Bus intelligente Systeme wie Motorsteuerung, Automatisches Getriebe, Antischlupfregelung und Antiblockier System miteinander und mit der Bedienungskonsole im Armaturenbrett vernetzen. Dabei müssen neben digitalen Informationen auch analoge Meßwerte und Stellsignale übertragen werden.

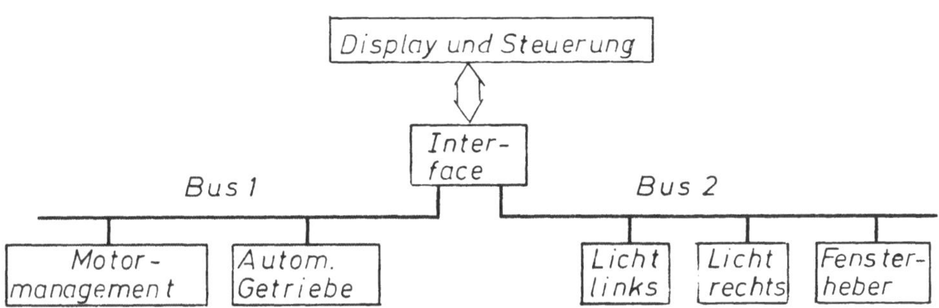

Bild 10.8 Beispiel für den CAN-Bus im Automobil

Da es im Kraftfahrzeug auf hohe Störsicherheit der Datenübertragung ankommt, wurde bei der Entwicklung des CAN-Bus auf Zuverlässigkeit und auf Maßnahmen zur Fehlererkennung und -behandlung großer Wert gelegt.
Inzwischen wird der CAN-Bus mit Erfolg auch bei industriellen Steuerungen und in der Verfahrenstechnik eingesetzt. Eine Reihe von Herstellern elektronischer Schaltungen hat PC-Einsteckkarten, Mikrocontroller und Kommunikationsbausteine für diesen Bus entwickelt.
Darüber hinaus sind Software-Pakete für die verschiedensten Anwendungen erhältlich.

Der Bus kann mit einer modifizierten RS 485 Schnittstelle betrieben werden. Die CAN-Anwendergruppe CiA (CAN-in-automation), die 1992 gegründet wurde, empfiehlt jedoch, die Schnittstelle nach dem Standard der Norm ISO/DIS-11898, Schicht 1 aufzubauen.
Diese läßt für Feldbusanwendungen eine Buslänge von 1 km und eine Übertragungsrate von 1 MBit/s zu.
Beim CAN-Bus gibt es keine Teilnehmer-Adresse. Wenn ein Teilnehmer eine Nachricht auf den Bus legt, können alle angeschlossenen Geräte diese Daten empfangen. Was mit der Nachricht geschieht, ist abhängig von einem sogenannten Identifier, der mit der Nachricht zusammen übertragen wird. Der Identifier gibt auch an, welche Priorität die übertragenen Daten besitzen.

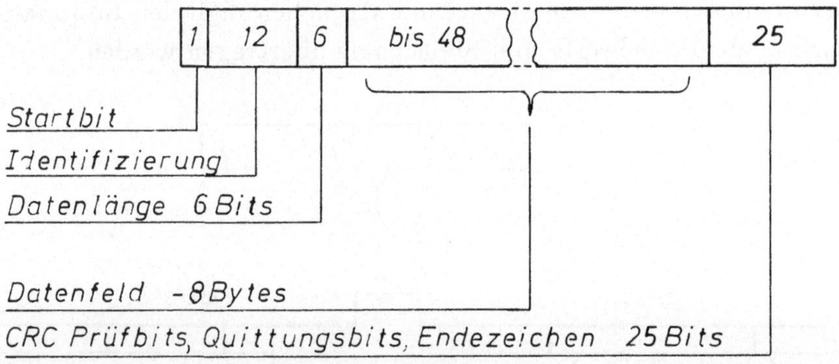

Bild 10.9 Das Protokoll des CAN-Bus

Es handelt sich bei dem CAN-Bus um ein nachrichtenorientiertes Protokoll. Nach ISO/DIS 11898 können durch den Identifier 2032 Nachrichtenarten unterschieden werden.

Industrielle Anwendung hat der CAN-Bus z.B. bei der Steuerung von Textilmaschinen, Aufzügen, Autowaschstraßen usw. gefunden.

Anschrift der CAN-Nutzer-Organisation
CiA (CAN in Automation)
Simon-Schöffel-Str. 21, 90427 Nürnberg

10.3.3 Der INTERBUS-S

Der INTERBUS-S ist in der DIN E 19258 genormt. Er besitzt eine Ringstruktur und arbeitet nach dem Master-Slave-Verfahren. Der Master sendet ein Telegramm mit den Ausgangsdaten aus, das alle Teilnehmer durchläuft und mit deren Eingangsdaten wieder beim Master eintrifft. Dabei arbeitet das System mit festen Übertragungszyklen. Die Zykluszeit beträgt bei voller Bestückung des Busses mit 42 Teilnehmern $7,2\ ms$. Sie kann bei entsprechend weniger Teilnehmern bis auf $1\ ms$ verkürzt werden. Die Übertragungsrate ist mit $500\ kBit/s$ angegeben. Die einzelnen Teilnehmer am Bus können bis zu 400 m voneinander entfernt sein. Ohne Einsatz von Zwischenverstärkern (Repeatern) kann die Gesamtausdehnung des Systems 13 km betragen.

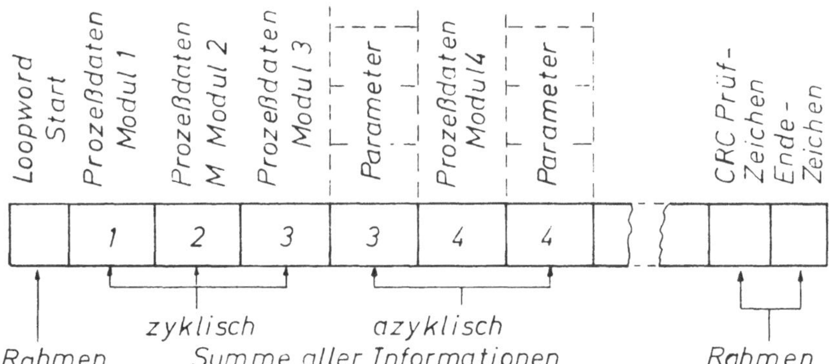

Bild 10.10 Das Summenrahmenprotokoll beim INTERBUS-S

Es handelt sich beim INTERBUS-S um einen selbstkonfigurierenden Bus. Es brauchen keine Adressen an die Busteilnehmer vergeben zu werden, weil sich die Reihenfolge des Aufrufs nach der physikalischen Lage der Teilnehmer im Ring richtet. Auch wenn Geräte ausgetauscht oder wenn neue zugefügt werden, sind keine Adreßänderungen erforderlich. Es besteht jedoch die Möglichkeit, eine Adreßzuweisungsliste aufzustellen, die eine von der Busstruktur unabhängige logische Adressierung erlaubt.

Das Protokoll des INTERBUS-S besteht aus einem sogenannten Summenrahmen, *Bild 10.10*. Das Telegramm enthält nur einen sehr kleinen Overhead für die Datensicherung. Im übrigen werden die Ausgangs- und Eingangsdaten der Reihe nach für die einzelnen Module übertragen.

Zusätzlich zu diesen Prozeßdaten können, falls dies erforderlich ist, Parameterdaten übertragen werden. Dies geschieht in festen 16 Bit breiten Zeitschlitzen, die zwischen den Daten für die Module angeordnet sind. Ein Parameterblock, der mehr als zwei Bytes lang ist, kann daher nicht innerhalb eines einzigen Telegramms übertragen werden. Vielmehr sind hierfür mehrere sequentielle Telegramme erforderlich. Dies spielt aber keine Rolle, weil die Parameterdaten wesentlich weniger zeitkritisch als die Prozeßdaten sind. Es können daher ruhig mehrere Zykluszeiten vergehen, bis alle Daten für die Einstellung eines Parameters übertragen worden sind.
Die physikalische Übertagung der Daten erfolgt über eine verdrillte Zweidrahtleitung nach der RS 485 Spezifikation oder über Lichtwellenleiter.
Der INTERBUS-S hat sich sehr gut am Markt eingeführt. Es bestehen zwei Usergruppen. Das eine ist die DRIVECOM-Gruppe, die sich um die Anwendung des Busses in der Antriebstechnik kümmert. Die andere Gruppe nennt sich ENCOM-Gruppe. In ihr sind die Meßgeräte-Hersteller verbunden, zum Beispiel Firmen, die Drehwinkelgeber herstellen und vertreiben.
Die internationale Normung des INTERBUS-S als Feldbus im Sensor- / Aktorbereich erfolgt durch die IEC (International Electrotechnical Commission).
Seit Oktober 1992 ist ein INTERBUS-S-Protokoll-Chip erhältlich.
Er ermöglicht die Ankopplung von Eingabe- und Ausgabekomponenten an das INTERBUS-S-Netzwerk ohne zusätzliches Mikroprozessorsystem und ohne Protokoll-Software. Der Baustein schaltet bis zu 16 Ein-/Ausgabebits mit dem INTERBUS-S zusammen. Die 16 E/A-Bits können für digitale Sensoren und Aktoren genutzt werden. Über Mikroprozessoren bzw. AD- und DA-Umsetzer können auch analoge Signale verarbeitet werden.
Bild 10.11 zeigt, wie der INTERBUS-S über eine Standard-Anschaltbaugruppe mit einer Speicherprogrammierbaren Steuerung verbunden werden kann.

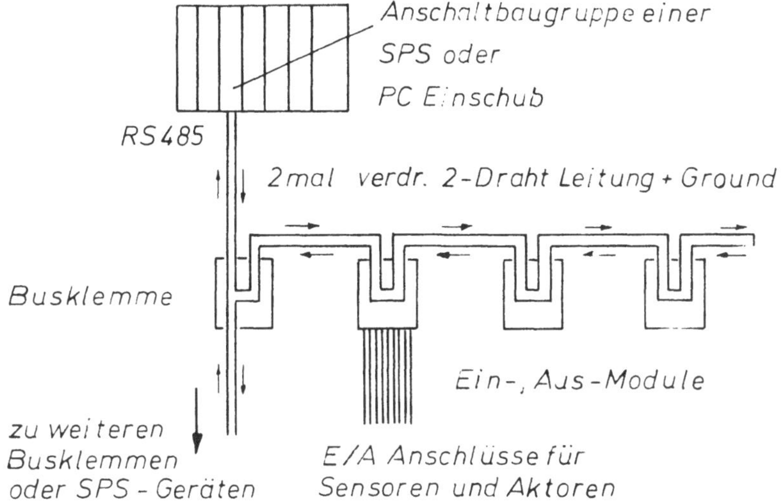

Bild 10.11 INTERBUS-S an einer SPS

Die Feldbus-Baugruppe wird an Stelle der E/A-Baugruppe in den Baugruppenträger der SPS gesteckt. Die parallele Verdrahtung hinter der SPS wird damit durch den einfacheren seriellen Feldbus ersetzt.

Anschaltbaugruppen stehen für viele SPS-Systeme standardmäßig zur Verfügung.

Für die Entwicklung von SPS-Anschaltbaugruppen kann das Modul MA-TI eingesetzt werden. Es enthält den 32 Bit-Prozessor 68323 als CPU, einen Protokollbaustein für das INTERBUS-S-Protokoll, erforderliche Speicherbausteine sowie eine serielle Schnittstelle RS 232-C, die für die Konfiguration des Systems von einem PC aus verwendet wird.

Der INTERBUS-S kann auch von Personalcomputern oder Industrierechnern aus angesteuert werden. Für PC-, VME- und VAX-Rechner wurden Interfacekarten entwickelt, die die Kopplung zwischen Rechner und INTERBUS-S hardwareseitig realisieren. Passende Treiberprogramme in den höheren Sprachen BASIC, Pascal und C sorgen für die entsprechende Software-Unterstützung.

10.3.4 Der PROFIBUS

Der Process-Field-Bus (PROFIBUS) ist in der DIN 19245 genormt. Es handelt sich um einen Feldbus mit hybridem Buszugriffsverfahren. *Bild 10.12* zeigt den Aufbau des PROFIBUS-Netzwerks.

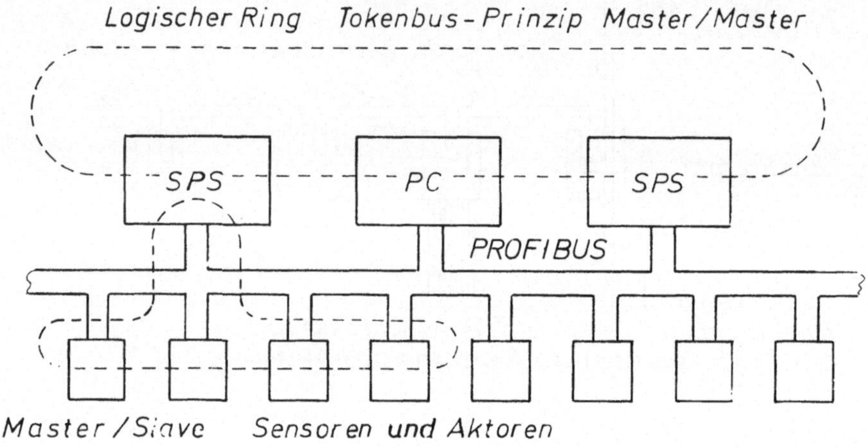

Bild 10.12 Netzwerk des PROFIBUS

Der Bus kann mehrere Geräte enthalten, die Masterfunktionen ausüben und untereinander Daten austauschen. Außerdem kann er Module enthalten, die mit reinen Slave-Funktionen auskommen. Am Bus angeschlossene Master können z.B. Mikrorechner oder Speicherprogrammierbare Steuerungen sein, Geräte, die komplexe Regelfunktionen enthalten oder Geräte, die den Steuerablauf auf einem Bildschirm darstellen. Teilnehmer mit reinen Slave-Funktionen sind Sensoren oder einfache Aktoren, die von den Mastern angesprochen bzw. abgefragt werden.

Der Datenverkehr der an dem Bus beteiligten Master untereinander erfolgt beim PROFIBUS nach dem Tokenbus-Prinzip, Abschn. 10.1.2 . Jeder Master kann nach Erhalt des Tokens auf den Bus zugreifen. Alle Master bilden einen durch die Adressen der Teilnehmer festgelegten logischen Ring. Jeder Master bekommt das Senderecht zyklisch zugeteilt.

Er kann die anderen Master ansprechen und sich mit ihnen austauschen oder mit den Slaves in Verbindung treten. Dazu ruft er die Geräte mit Slave-Funktionen der Reihe nach auf, gibt Ausgangsdaten an sie ab oder fordert sie auf, Eingangsdaten auszusenden. Das dezentrale Tokenbus-Prinzip und das zentrale Master-Slave-Verfahren bilden in ihrer Kobination das hybride Buszugriffsverfahren des PROFIBUS.
Der minimale Funktionsumfang für Master- und Slaveimplementierungen ist in der PROFIBUS-Norm DIN 19245, Teil 1 und 2, festgelegt. Es sind dies die sogenannten Pflichtdienste, die aus einer Menge von 39 Diensten der FMS (Field-Message-Specification) ausgewählt sind.
Mit Hilfe sogenannter Profiles wird die Norm in die Praxis umgesetzt. Dienste und Parameter der DIN-Vorschrift werden problembezogen behandelt. Man unterscheidet Profiles der Sensor- und Aktortechnik, der Antriebstechnik oder der allgemeinen Steuerungstechnik.
Das physikalische Übertragungsmedium beim PROFIBUS sind die RS485-Schnittstelle mit paarweise verdrillter Zweidrahtleitung oder Lichtwellenleiter.
Für den Anschluß von PC's, SPS usw. sind Interface-Baugruppen entwickelt worden. Eine solche Baugruppe besteht z.B. aus einer Leiterplatte mit einem EPROM-Speichermodul für das Betriebsprogramm und die Parameterdaten (Teilnehmeradresse, Baudrate usw.), sowie der RS485-Schnittstelle mit zugehörigen Treiberbausteinen und galvanischer Trennung (Optokoppler). Ferner enthält sie auf einer zweiten Leiterplatte den Mikrocontroller-Baustein sowie RAM-Speicher für die Kopplung mit dem Bus des Steuergeräts. Die RAM-Speicher bilden die dynamischen Speicher für die Kommunikation. Ca. je 128 kByte Speicherplatz werden im EPROM- und im RAM-Speicher benötigt.

10.3.5 PROFIBUS DP (Dezentrale Peripherie)

Während mit dem PROFIBUS die FMS (Field Message Specification) erfüllt wird, wie sie für die Vernetzung großer und intelligenter Geräte erforderlich ist, wird daneben eine Modifikation des PROFIBUS vorgeschlagen, die sich speziell für die kleineren Datenmengen eignet, die mit hoher Geschwindigkeit auf der Sensor-Aktor-Ebene übertragen werden müssen. Es ist dies PROFIBUS-DP, DP steht für Dezentrale Peripherie.

PROFIBUS-DP erfüllt nur einen Ausschnitt aus FMS und bedeutet eine Dienstauswahl, die für den Bereich einfacher Geräte ausreicht, die dezentral im Feld angeordnet sind.

Dem PROFIBUS-DP liegt das Master-Slave-Prinzip zugrunde. Eine SPS stellt z.B. den Master dar und die angesteuerten Aktoren und abgefragten Sensoren erfüllen Slave-Funktionen.

Der Vorteil ist, daß die Übertragung wegen der fortgelassenen Dienstfunktionen und der geringeren Datenmengen schneller vonstatten gehen kann, daß die Verbindung weniger kompliziert ist und die Baugruppen preisgünstig sind.

PROFIBUS-DP ist in DIN 19245, Teil 3 genormt.

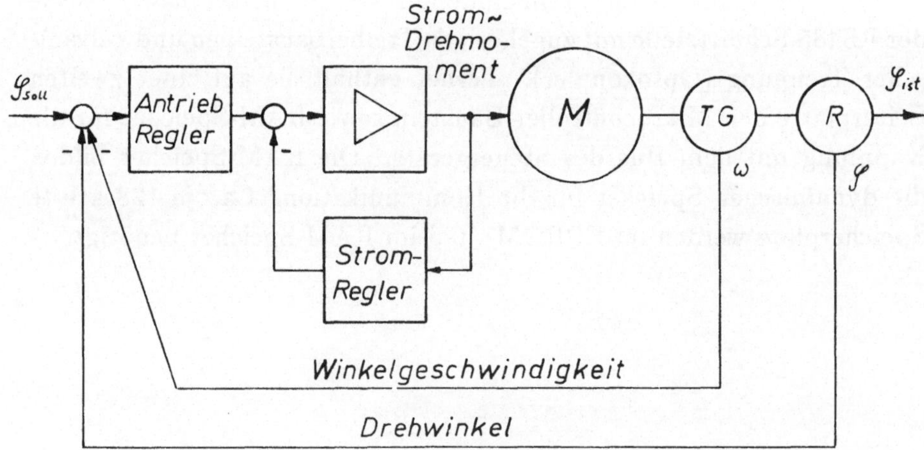

Bild 10.13 Typischer Aufbau einer Antriebssteuerung

10.3.6 SERCOS-interface

Das SERCOS-interface (Serial Real-Time Communication System) ist für die numerische Steuerung von Servo-Antrieben entwickelt worden. *Bild 10.13* zeigt den typischen Aufbau einer Servo-Antriebssteuerung mit den überlagerten Regelkreisen für Drehmoment, Winkelgeschwindigkeit und Position, wie sie im Werkzeugmaschinenbau und in vielen Bereichen der Regelungstechnik eingesetzt wird. [1, S. 31 ff]

SERCOS-interface wurde entwickelt, um insbesondere bei numerischen Steuerungen (NC-Maschinen) mehrerer Antriebe von einem Steuergerät aus, einen leistungsfähigen Bus zur Verfügung zu haben, der die komplizierte parallele Verkabelung ersetzen kann und so schnell ist, daß er nicht nur die Sollwerte für Position und Geschwindigkeit sondern im Extremfall auch die Sollwerte für das Drehmoment übertragen kann. Der Bus wurde daher in einer Ringstruktur konzipiert, wobei die numerische Steuerung den Master darstellt und die angeschlossenen Antriebe die Slaves sind. Die gesamte Steuerung kann durch einen oder mehrere derartige Ringe realisiert werden, *Bild 10.14*.

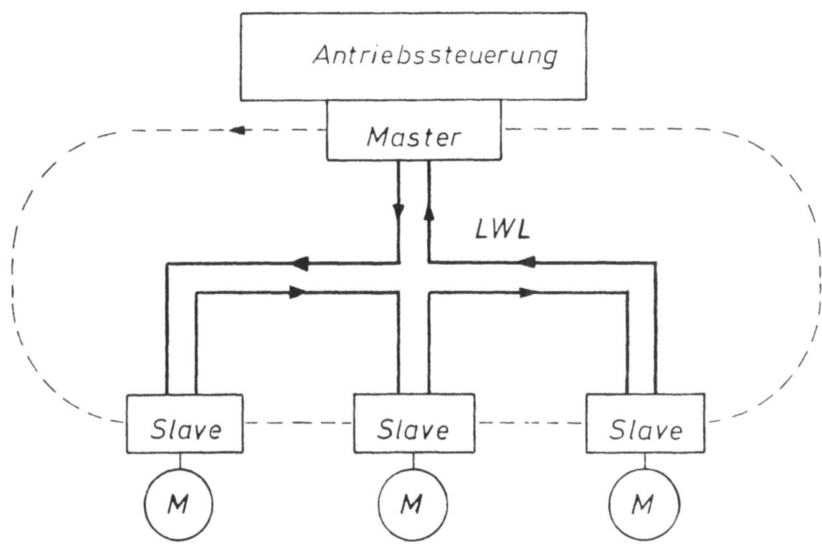

Bild 10.14 Ringstruktur des SERCOS-interface

Als Übertragungsmedium wurde der Lichtwellenleiter gewählt. Diese Technik gewährleistet optimale Störsicherheit und ermöglicht die für Regelkreise erforderlichen kurzen Reaktionszeiten.
Die zu übertragenden Daten gliedern sich in zwei Gruppen:
Die für die Regelung erforderlichen Daten umfassen nur wenige Bytes, die aber schnell und synchron übertragen werden müssen. Das geschieht mit einer festgelegten Zykluszeit innerhalb der zyklischen Datenübertragung. Tritt hierbei ein Übertragungsfehler auf, so werden die Daten nicht wiederholt sondern es wird mit den alten Daten vom letzten Zyklus weitergearbeitet. Tritt der Fehler mehrfach auf, so wird die Übertragung abgebrochen.
Außerdem müssen Parameter, Grenzwerte, Diagnose- und Kommandodaten u.ä. übertragen werden. Dies sind nichtzyklische Daten. Es handelt sich hier um mehr oder weniger größere Datenmengen, die aber keine Echtzeitforderungen erfüllen müssen. Daher wird während eines Zyklusses nur jeweils ein Teil dieser Datenmenge übertragen. Die Korrektheit der Übertragung der nichtzyklischen Daten wird durch Quittung und Datenwiederholung bei Störung gewährleistet.
Bild 10.15 zeigt das Protokoll des SERCOS-interface.

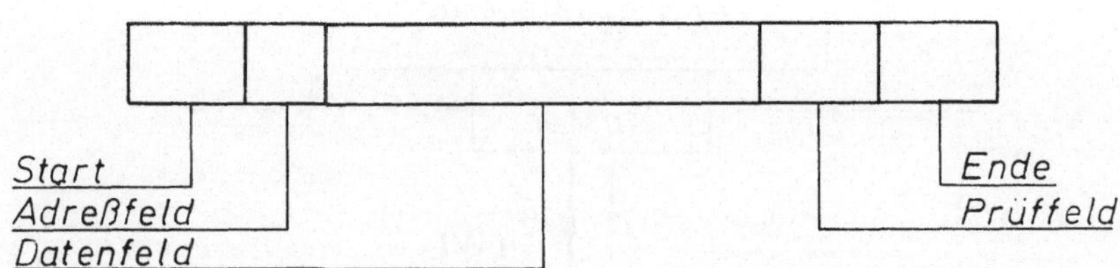

Bild 10.15 Protokoll des SERCOS-interface

Jeder Kommunikationszyklus enthält ein Synchronisationstelegramm des Masters, Datenpakete, die die Antriebe an den Master senden, ein Datentelegramm, das der Master an alle Slaves quasi gleichzeitig sendet und aus dem sich jeder Antrieb die für ihn bestimmten Daten herauspickt. Nach Ablauf der Zykluszeit startet der Master den nächsten Zyklus erneut mit dem Sychronisationstelegramm.

Es sind folgende Zykluszeiten definiert:
62 μs, 125 μs, 250 μs, 500 μs, 1 ms und ganzzahlige Vielfache von 1 ms.
Je kleiner die Zykluszeit gewählt wird, desto weniger Antriebe können an einen Ring angeschlossen werden. Die Steuerung muß dann eventuell auf mehrere Ringe verteilt werden. Typisch ist der Anschluß von 8 Antrieben an einen Lichtwellenleiterring mit 2 ms Zykluszeit bei einer Übertragungsrate von 2 MBit/s.
Dabei werden von der Steuerung zu jedem Antrieb übertragen:

32 Bit Sollwert für Geschwindigkeit oder Lage

16 Bit Grenzwert für Drehmoment

und von jedem Antrieb zur Steuerung:

32 Bit Istwert für Geschwindigkeit oder Lage

16 Bit Istwert für Drehmoment

zusätzlich bis zu 8 kBit/s je Antrieb nichtzyklisch übertragene Daten. Diese Daten werden mit je 2 Byte in die Zyklen eingeschoben.
Vom Übertragungsmedium her ist es ohne weiteres möglich, die Übertragungsrate von zur Zeit 2 MBit/s auf 4 Mbit/s oder sogar 8 MBit/s zu erhöhen. Die Begrenzung ist vielmehr durch die Rechenzeit der zur Zeit verfügbaren Mikrocontroller gegeben.
Bei Einsatz des preisgünstigen Kunststofflichtwellenleiters sind mit dem SERCOS-interface Buslängen bis ca. 40 m ohne Schwierigkeiten erreichbar. Bei größeren Entfernungen muß bei der Abstimmung der Kunststoff-LWL besondere Sorgfalt ausgeübt werden. Mit Lichtwellenleitern aus Glas können Entfernungen von über 1 km abgedeckt werden. SERCOS-interface kann auch auch als Bussystem für die Ansteuerung von Sensoren und Aktoren verwendet werden. Die internationale Normung für SERCOS-interface als offene Schnittstelle ist gegenwärtig in Arbeit. SERCOS-interface wird vertreten durch:

Födergemeinschaft SERCOS interface e.V.
Stresemannallee 19
60596 Frankfurt.

10.3.7 Der ASI-Bus

Der Aktuator-Sensor-Bus (ASI) ist ein einfacher Bus auf der untersten Ebene der Automatisierungshierarchie zur Vernetzung von Sensoren und Aktuatoren.
Das ASI-Netz hat Baumstruktur und besteht aus einer ungeschirmten Zweidrahtleitung mit einer Länge von maximal 100 Metern, auf der sowohl Daten als auch Energie übertragen werden können.
Der Buszugriff erfolgt von einem Master aus auf maximal 31 Slaves. Jeder Slave erhält über den Master eine eindeutige feste Adresse.
Der Master fragt die Slaves zyklisch der Reihe nach ab. Bei 31 angeschlossenen Slaves ergibt sich dabei eine Zykluszeit von 5 ms.
Das Telegramm, *Bild 10.16*, enthält den Aufruf des Masters und die Antwort des Slaves.

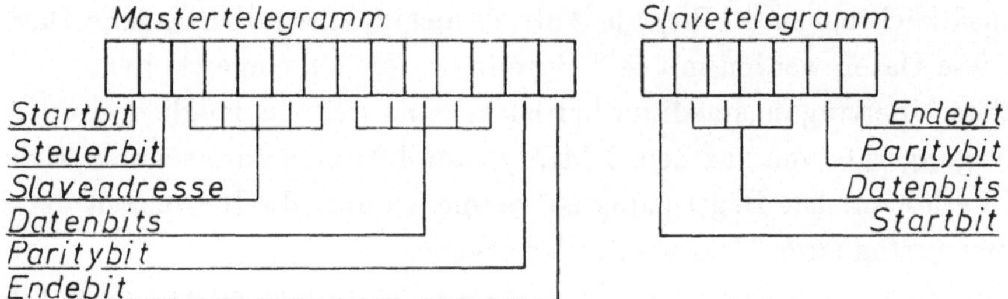

Bild 10.16 Telegramm des ASI-Bus

Neben dem Overhead aus Start- und Stopbits zur Synchronisation, der Slave-Adresse und den Bits zur Kontrolle der Datensicherheit enthalten der Masteraufruf und die Slaveantwort je 4 Bit für die Daten.
Zwischen dem Master und jedem Slave können daher vier Bits pro Zyklus übertragen werden. Damit lassen sich pro Slave bis zu vier Schaltelemente abfragen oder vier binäre Aktoren bedienen. Pro Busstrang kann daher auf 124 Geräte zugegriffen werden. Die vier Bit je Slave lassen sich auch für intelligente Sensoren und Aktoren verwenden, die mehr als nur ein Schaltbit übertragen.
Theoretisch ist auch die Übertragung analoger Daten möglich, wenn mehrere Slaves zusammengefaßt werden.

Der Master kann außerdem azyklisch, d.h. zu einem von der Steuerung festgelegten Zeitpunkt, zusätzlich 4 Parameterbits an den Slave senden. Durch diese können Veränderungen in den Schaltelementen ausgelöst werden: z.B. Einstellung der Schaltschwelle, Wahl der Wellenlänge einer Lichtschranke, Einstellung eines Zeitgliedes.
Der Master des ASI-Bus befindet sich auf einer Einschubkarte eines PC oder einer SPS oder er ist über ein sogenanntes "Gateway" mit einem übergeordenten Bus verbunden. Der Slave kann an beliebiger Stelle des ASI-Bus mittels Schnapptechnik aufgesetzt werden bzw. im Sensor oder Aktor selbst eingebaut sein.
Zusätzlich zu den Daten wird über die Zweidrahtleitung elektrische Energie mit 24 V Gleichspannung und maximal 100 mA je Slave zum Betrieb von Slave und Geräten geleitet.
Zur Förderung des ASI-Bus haben sich verschiedene Hersteller von Aktoren und Sensoren im ASI-Verein zusammengeschlossen.

ASI-Verein e.V.-Geschäftsführung:
Auf dem Broich 4a
51519 Odenthal

10.3.8 Der INSTABUS

Bussysteme gewinnen eine zunehmende Bedeutung in der Gebäude-Installations-Technik. Sie ermöglichen eine optimale Anordnung und flexible Steuerung von Beleuchtungs-, Klimatisierungs-, Alarmeinrichtungen u.ä.. Ein Beispiel hierfür ist das INSTABUS-System (Installationsbus). Die Energieversorgung der installierten Geräte erfolgt wie bisher durch Anschluß an das elektrische Netz oder die sanitäre Versorgung. Die Steuerung jedoch wird ausschließlich über das Bussystem ausgeführt.

Alle Geräte und alle Bedienungseinrichtungen wie Schalter, Taster usw., sowie die zugehörigen Überwachungs- und Meldeeinrichtungen werden durch einen oder mehrere Busse miteinander vernetzt, *Bild 10.17* .

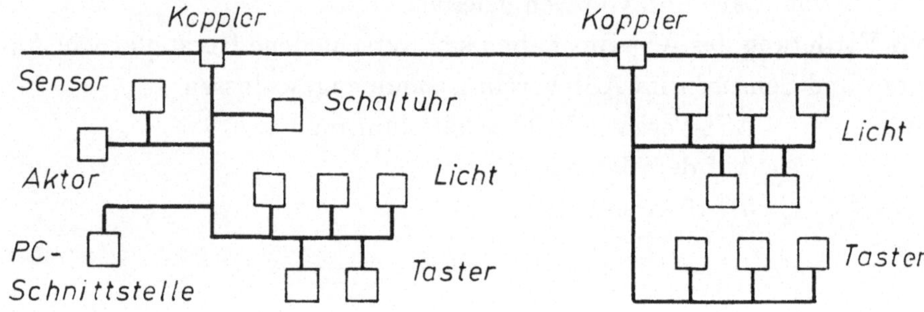

Bild 10.17 Prinzip des INSTABUS

Es können analoge Werte: Temperatur, Zeit, Menge und binäre Werte: Ein/Aus, Hell/Dunkel, Warm/Kalt usw. über den Bus übertragen werden. Das System ist in Linien aufgeteilt. Eine Linie kann bis zu 64 Teilnehmer aufnehmen. Jeder Teilnehmer kann bis zu 4 Aktionen ausführen. Bis zu 12 Linien können zusammengeschlossen werden. Pro Linie darf die maximale Leitungslänge 1000 m betragen. Der Bus kann Linien- Stern- oder Baumstruktur besitzen. Das physikalische Medium ist die Zweidrahtleitung.

Die Datenübertragung erfolgt nach dem Multi-Master-Verfahren. Es ist keine zentrale Steuerung erforderlich. Das Bus-Zugriffsverfahren arbeitet nach dem CSMA/CA Prinzip, (Carrier Sense Multiple Access, Collision Avoidance vgl. Abschnitt 10.1.2) . Wichtige Meldungen werden mit höherer Priorität bearbeitet. Die Übertragungsgeschwindigkeit beträgt 9,6 kBit/s.

Die Teilnehmer sind einzeln oder in Gruppen adressierbar. Schalter, Taster, Meßgeräte usw. bilden die Sensoren, die Nachrichten auf den Bus geben. Schaltaktoren, Schaltventile, Motoren usw. bilden die Aktoren, die die Daten vom Bus empfangen. Das System kann auch derart ausgelegt werden, daß die Aktoren Rückmeldungen zur Überwachung der Funktion an die Bedienungselemente zurücksenden.
Über eine Datenschnittstelle wird der Bus mit einem PC oder Programmiergerät verbunden. Mit einer Planungssoftware wird die gesamte Steuerung einschließlich der Adressenvergabe und der Prioritätenzuteilung auf dem PC erstellt und vor Ort in das System geladen. Durch Änderung der Software läßt sich die Steuerung variieren und den Gegebenheiten flexibel anpassen.
Der Zusammenschluß führender europäischer Unternehmen auf dem Gebiet der Elektroinstallationstechnik zur European Installation Bus Association (EIBA) hat sich die Förderung des Installationsbus zur Aufgabe gemacht.
Bild 10.18 zeigt das Prinzipschaltbild eines Teils einer INSTABUS-Anlage. Mit einem Raumtemperaturregler als Sensor und einem Schaltaktor für thermische Stellantriebe wird die Temperatur eines Raumes individuell geregelt.

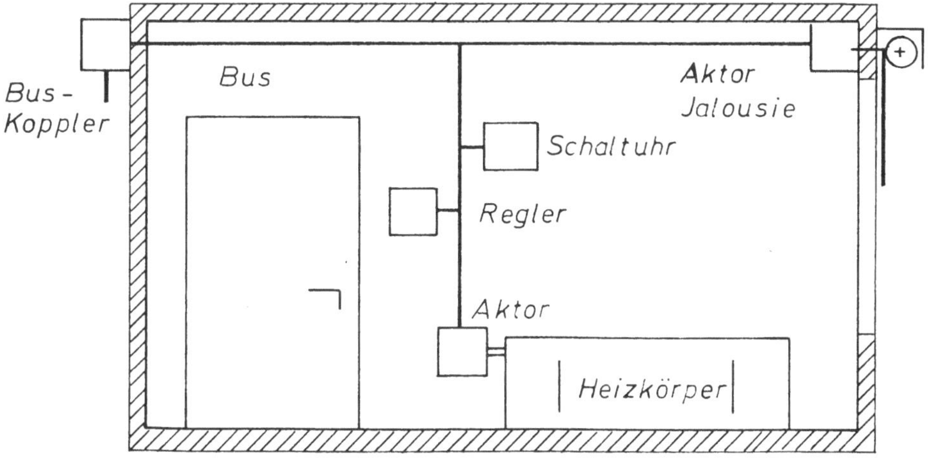

Bild 10.18 Raumtemperaturregelung mit INSTABUS

10.3.9 ABUS

Der ABUS ist ein Bussystem, das für den Einsatz im Kraftfahrzeug entwickelt worden ist. Der Name ABUS leitet sich her aus der Bezeichnung Automobile Bitserielle Universalschnittstelle.
Das Busprotokoll des ABUS ist so ausgelegt, daß die mechanisch und elektrisch stark gestörte Umgebung im Kraftfahrzeug die Datenübertragung nicht beeinträchtigt.
Die im Telegramm des ABUS enthaltene Nachricht setzt sich aus zwei Elementen zusammen: das eine Element ist die Kennung der Nachricht, das andere ist das Datenfeld zur Übertragung der eigentlichen Information.
Die Kennung umfaßt 12 Bit und beschreibt den Inhalt der Nachricht, z.B. ob eine Meßgröße oder eine Stellgröße übertragen werden soll, um welches physikalische Signal es sich handelt und welche Priorität die Nachricht besitzt.
Das Datenfeld umfaßt 16 Bit und enthält die Information.
Das Telegramm wird von allen angeschlossenen Teilnehmern abgehört. Jede Station entscheidet aufgrund der Kennung, ob die Nachricht übernommen werden soll oder nicht.
Dadurch, daß das Telegramm eine festgelegte und nur geringe Länge besitzt, ergeben sich kurze Reaktionszeiten. Die typische Übertragungsrate beträgt 4 MBit/s. Es wird eine achtfache Abtastung vorgenommen, daher ist die echte Datenrate 500 KBit/s. Die Übertragungsdauer des Telegramms beträgt 64 μs.

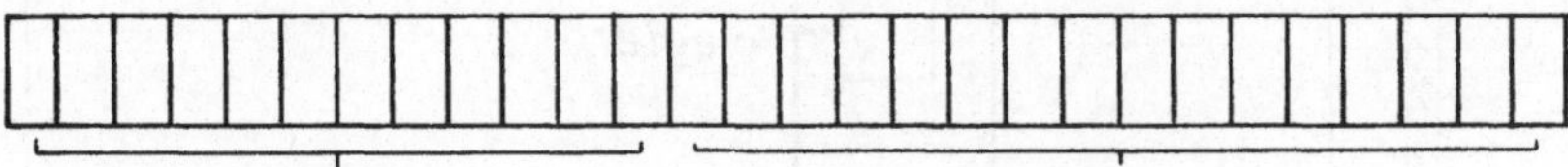

Bild 10.19 ABUS-Telegramm

10.3.10 DIN-Meßbus

Der DIN-Meßbus ist unter DIN 66348, Teil 2, genormt:
"Schnittstellen und Steuerungsverfahren für die serielle Meßdatenübertragung, 4-Draht-Meßbus".

Der Bus wurde in erster Linie zur Vernetzung von örtlich verteilten Meßgeräten und Sensoren mit einem Rechner entwickelt. Mit ihm können aber auch kleinere Automatisierungssysteme mit PC-Steuerung aufgebaut werden.

Der Bus arbeitet nach dem Master-Slave-Prinzip. Die Daten werden über eine 4-Draht-Leitung in beide Richtungen übertragen. Als Schnittstelle ist die RS 485 Schnittstelle vorgesehen.

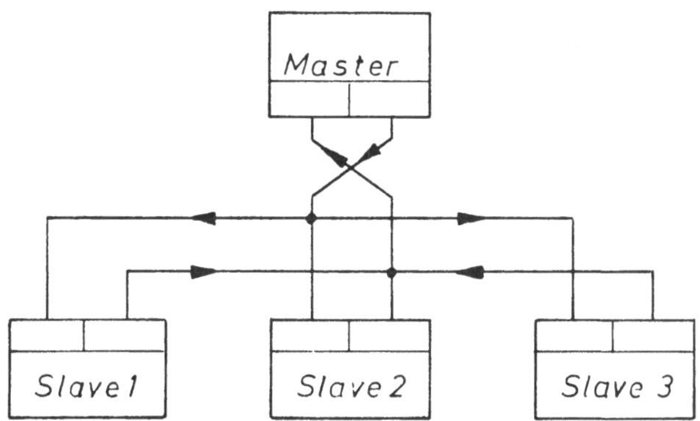

Bild 10.20 Struktur des DIN-Meßbus

Die Hauptleitung des DIN-Meßbus kann 500 m betragen. Bei dieser Leitungslänge wird eine Übertragungsgeschwindigkeit von 19200 Baud erreicht. Es können bis zu 31 Teilnehmer (Slaves) über 5 m lange Stichleitungen an den Bus angeschlossen werden. Mit Hilfe von Repeatern können die Hauptleitung und die Stichleitungen beliebig verlängert werden.

Die Busteilnehmer können ihre Nachrichten im Zeitmultiplex an die Leitstation übertragen. Der Leitrechner kann jederzeit Daten an die Teilnehmer senden, auch wenn diese gerade aktiv sind.

Literatur zum Thema Feldbus: [17].

11 Beispiele für Steuerungen im Maschinenbau

11.1 Mechanische Ventilsteuerung am Otto-Motor

Die Ein- und Auslaßventile am Zylinder einer Verbrennungskraftmaschine müssen zu bestimmten Positionen des Kolbenhubes und damit zu festen Werten des Kurbelwellenwinkels öffnen und schließen, *Bild 11.1*.

Die Bewegung der Ventilstößel wird daher über eine Nockenwelle gesteuert, die beim Viertaktmotor mit halber Kurbelwellendrehzahl umläuft. Der Antrieb erfolgt von der Kurbelwelle aus mittels Kette oder Zahnriemen.

Wie in Bild 11.1 gezeigt, muß sich z.B. das Einlaßventil im ersten Takt 4° nach dem oberen Totpunkt öffnen und im zweiten Takt 24° nach dem unteren Totpunkt schließen.

Das Auslaßventil muß im dritten Takt 24° vor dem unteren Totpunkt öffnen und 2° vor dem oberen Totpunkt schließen.

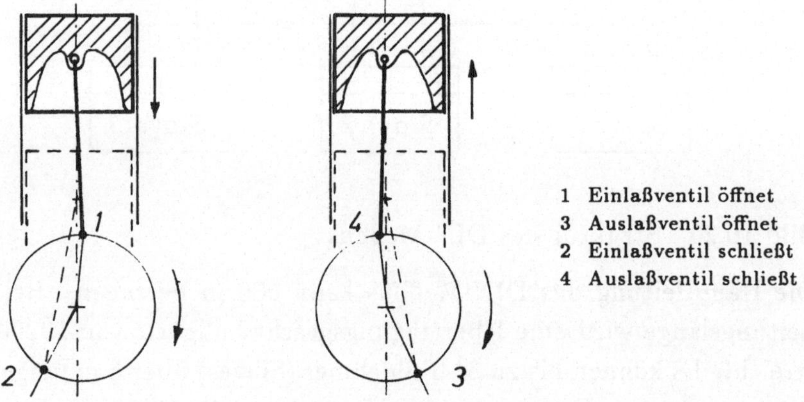

Bild 11.1 Öffnen und Schließen der Ventile beim Otto-Motor

Der Vorteil der mechanischen Ventilsteuerung beim Kfz-Motor ist, daß sich bei der großen Stückzahl eine preisgünstige und robuste Lösung erreichen läßt.

Der Nachteil liegt in der Starrheit der Steuerung. Es ist nicht möglich, die Steuerdaten etwa dem Teillastverhalten des Motors anzupassen, was bei einer elektrischen Steuerung der Ventile ohne weiteres möglich wäre.

11.2 Vorschubsteuerungen an Werkzeugmaschinen

Ein großes Einsatzfeld für die Steuerungstechnik liegt im Produktionsprozeß, insbesondere bei der Steuerung von Werkzeugmaschinen.
An Drehmaschinen, Fräsmaschinen, Schleifmaschinen u.ä. besteht eine der wesentlichen Aufgaben darin, das Werkzeug auf eine bestimmte Position zu fahren und dort gegen alle auftretenden Störeinflüsse zu halten.

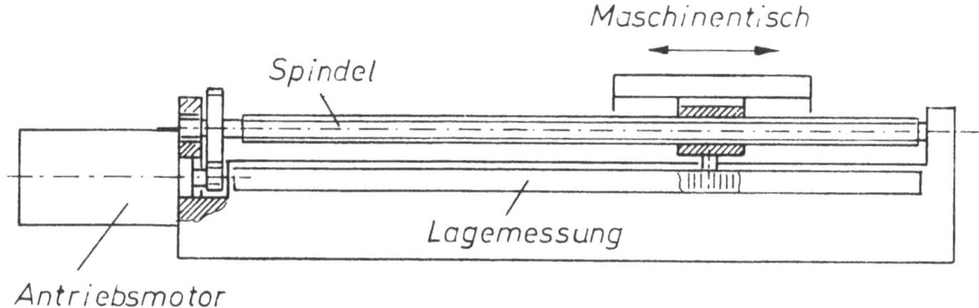

Bild 11.2 Positionierung einer Werkzeugmaschinenachse

Die Steuerung kann die Kompensation der Störeinflüsse nicht bewerkstelligen, hierfür muß eine Regelung mindestens der Geschwindigkeit, möglichst auch der Lage vorhanden sein. Durch die Steuerung wird aber die jeweilige Position des Werkzeugs vorgegeben. Der Steuerung werden auch die Informationen der Lagemessung zugeführt, die für die weiteren Entscheidungsschritte von Bedeutung sind.

11.2.1 Inkrementale Positionssteuerung

Bei der inkrementalen Positionssteuerung wird das Werkzeug um eine Wegstrecke bewegt, die sich aus einer bestimmten Anzahl gleichgroßer Schritte zusammensetzt. Der zurückgelegte Weg wird durch den inkrementalen Weggeber gemessen. Die Steuerung muß die Richtung der Bewegung erkennen und die Anzahl der vom Meßgerät gemeldeten Bewegungsschritte zählen. Der Stellvorgang besteht dann darin, Impulse für einen Schrittmotor zu erzeugen oder die Anzahl der gewünschten Wegschritte dem Lageregelkreis als Führungsgröße vorzugeben.
Für die direkte Wegmessung stehen inkrementale Weggeber zur Verfügung, die je nach der gewünschten Auflösung pro Millimeter Wegstrecke eine bestimmte Zahl von Spannungsimpulsen abgeben.

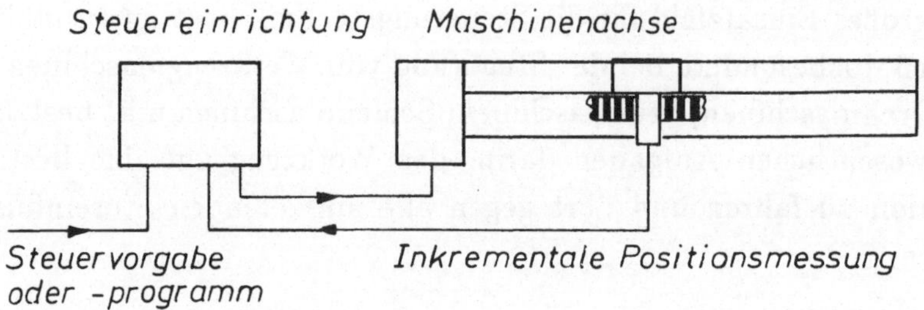

Bild 11.3 Inkrementale Positionssteuerung

Die Steuerung kann die Impulse z.B. mit einem Binärzähler aufnehmen (Abschnitt 5.1.5) und entsprechende Steuerbefehle ausgeben.
Bei der indirekten Wegmessung wird nicht der Weg des Werkzeugs sondern der Drehwinkel der Achsantriebswelle mit einem inkrementalen Winkelgeber gemessen.

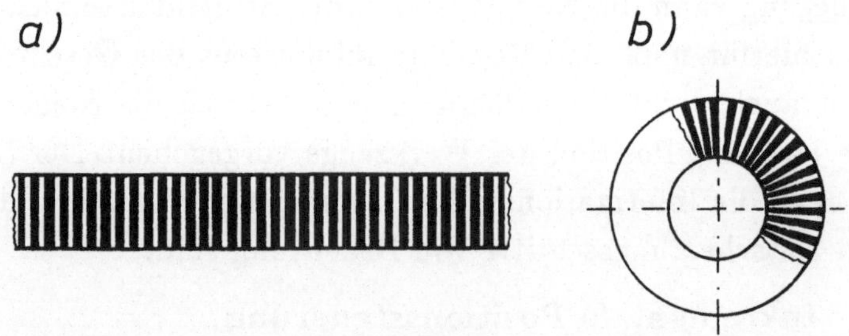

Bild 11.4 Optischer Inkrementalgeber
a) zur Wegmessung b) zur Winkelmessung

Richtungserkennung bei der inkrementalen Positionssteuerung

Zur Erkennung der Bewegungsrichtung muß der inkrementale Weggeber zwei um eine halbe Impulsbreite zueinander versetzte Aufnehmer besitzen. *Bild 11.5* zeigt das Prinzip.
Während einer der Aufnehmer auf die Flanke des folgenden Impulses reagiert, registriert der jeweils andere, ob der gerade abgetastete Impuls den Zustand "0" oder "1" hat.

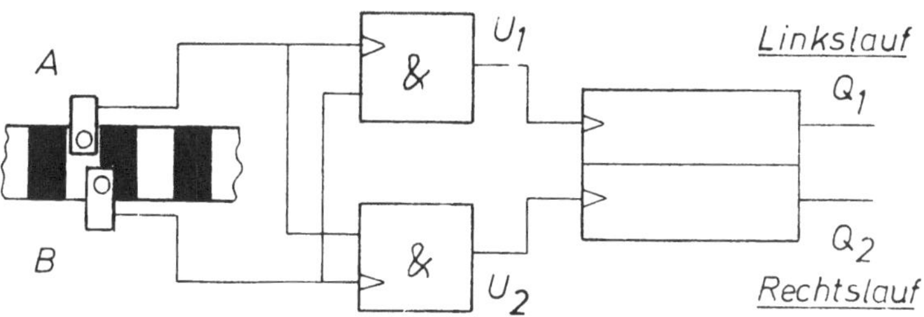

Bild 11.5 Prinzip der Richtungserkennung

Es sei der Fall angenommen, daß sich das Strichgitter unter den Sensoren hinweg bewegt. Wenn ein dunkles Feld unter dem Sensor liegt, wird ein "0"-Signal abgegeben, bei einem hellen Feld entsprechend ein "1"-Signal. Bei Linkslauf des Strichgitters reagiert der Sensor A auf die Flanke von "0" auf "1", während der Sensor B gerade das helle Feld abtastet und den Zustand "1" meldet. Dadurch geht das UND-Glied U1 von "0" auf "1" und steuert den nachfolgenden Speicher auf die Stellung $Q1 =$ "1" , $Q2 =$ "0" (Anzeige für Linksrichtung).
Bei Rechtslauf des Strichgitters reagiert der Sensor A ebenfalls auf die ansteigende Flanke (von dunkel auf hell). Jedoch zeigt in diesem Fall der Sensor B "0" an (dunkles Feld unter B). Daher wird das UND-Glied U1 nicht durchgeschaltet. Wenig später reagiert der Sensor B auf den Wechsel von dunkel auf hell und der Sensor A zeigt gleichzeitig hell an. Es wird das UND-Glied U2 durchgeschaltet. Das Speicherglied schaltet um auf $Q1 =$ "0", $Q2 =$ "1". Es wird Rechtslauf angezeigt.

11.2.2 Absolute Positioniersteuerung

Bei der absoluten Positionierung wird nicht der Zuwachs (Inkrement) des Weges betrachtet sondern die absolute Position. Dazu ist es erforderlich, daß der Weggeber für jeden betrachteten Punkt des zu messenden Weges eine Information findet, die sich von denen aller anderen Punkte des Weges unterscheidet.
Die Information, die dem Weggeber mitteilt, auf welchem Punkt des Weges er sich gerade befindet, wird durch ein paralleles Bitmuster dargestellt. Dazu sind auf dem Strichlineal mehrere parallel laufende Spuren angebracht, die von einer entsprechenen Anzahl Sensoren abgetastet werden.
Der Vorteil des absoluten Gebers besteht darin, daß die Weginformation erhalten bleibt, auch wenn zwischenzeitlich die Versorgungsspannung abgeschaltet wird. Die Maschine kann also nach dem Wiedereinschalten unmittelbar an der gleichen Position mit der Arbeit fortfahren während bei der inkrementalen Positionierung zunächst an den Anschlag gefahren werden muß, um den Nullpunkt neu einzustellen. Von dort aus wird der Arbeitspunkt neu angefahren. *Bild 11.6* zeigt das Meßprinzip des absoluten Gebers für die Messung linearer Wege und für die Messung von Drehwinkeln.

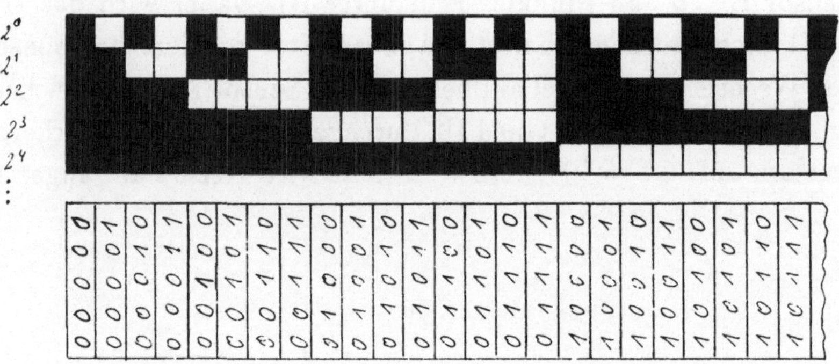

Bild 11.6 Absoluter Positionsgeber zur Aufnahme von
a) linearen Wegen b) Drehwinkeln *s. Bild 1.6*

Der Absolutgeber muß um so mehr Bits enthalten je länger der Meßweg ist bzw. je feiner bei gleichem Weg die Auflösung sein soll.

Bei Absolutwinkelgebern läßt sich das Problem dadurch lösen, daß der Geber eine Nullspur erhält, die bei jedem Nulldurchlauf einen Impuls abgibt. Der Geber kann dann auf mehreren Umläufen messen. Die Zahl der Umläufe wird inkremental gezählt.
Grundsätzlich ist es unerheblich, in welcher Reihenfolge die Bitmuster, die die Positionen repräsentieren, angeordnet sind, wenn sie sich nur voneinander unterscheiden. *Tabelle 11.1* zeigt die Codierung der Zahlen 0 bis 15 im dualen und im Graycode.

Tabelle 11.1 Zählcodierungen

Zahl	Dualer Code	Gray Code
0	0000	0000
1	0001	0001
2	0010	0011
3	0011	0010
4	0100	0110
5	0101	0111
6	0110	0101
7	0111	0100
8	1000	1100
9	1001	1101
10	1010	1111
11	1011	1110
12	1100	1010
13	1101	1011
14	1110	1001
15	1111	1000

Es bietet sich an, die Reihenfolge so zu wählen, daß sie der Dualdarstellung der Zahlen entspricht. Dann können die Meßwerte direkt mit dem Inhalt eines binären Zählwerk verglichen werden und es können arithmetische Berechnungen mit ihnen durchgeführt werden.
Die Darstellung im Dualcode hat aber den Nachteil, daß sich beim Übergang von einer Position zur nächsten in vielen Fällen mehr als ein Bit gleichzeitig verändert. Dadurch kann es zu Fehlmessungen kommen, wenn die Spuren ihren Zustand nicht exakt zum gleichen Zeitpunkt wechseln.

Diese Gefahr tritt nicht auf, wenn der Absolutgeber im Graycode codiert ist. Bei diesem Code sind die Bitmuster so angeordnet, daß sich an den Übergängen jeweils nur ein Bit ändert.
Zum Rechnen muß der Graycode zunächst in den Dualcode umgesetzt werden.

11.3 Robotersteuerung

Ein Roboter ist ein universelles Arbeitsgerät, das mit mehreren Achsen in unterschiedlichen Ebenen translatorische oder rotatorische Bewegungen vollführen kann.
Die Bewegungen der Roboterachsen werden zum Teil in geschlossenen Regelkreisen geregelt, wobei die Führungsgrößen der einzelnen Regelkreise gesteuert werden, zum Teil werden sie direkt in offenen Steuerketten gesteuert.

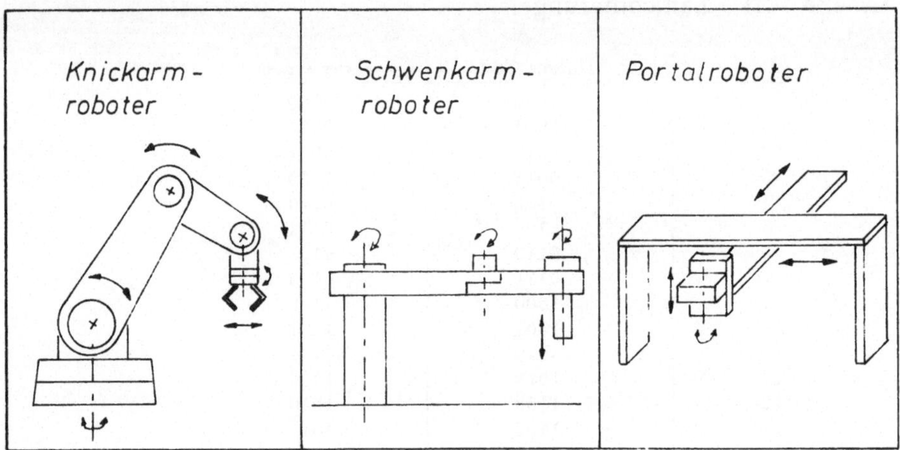

Bild 11.7 Verschiedene Bauarten von Robotern

Die sinnvolle der Arbeitsaufgabe angepaßte Gesamtbewegung des Roboters entsteht durch die Koordination der Einzelbewegungen der Achsen mit Hilfe eines Steuerungskonzeptes.

Das Steuerungskonzept kann darauf beruhen, daß dem Roboter die Führungswerte der einzelnen Achsen zu den entsprechenden Zeiten in einem Programm vorgegeben werden. Dazu müssen diese Werte aus vorangegangenen Überlegungen und Rechnungen bekannt sein oder sie müssen während des Bewegungsablaufs in der Steuerung aus Vorgaben berechnet werden. Letzteres funktioniert nur, wenn ein leistungsfähiger schneller Rechner zur Verfügung steht und die Bewegungen nicht zu schnell ablaufen müssen.

Vielfach sind die Bewegungsabläufe beim Roboter jedoch derart kompliziert, daß es günstiger ist, den Roboter erst von Hand zu bedienen und dabei die Positionen der Achsen in einem festgelegten Takt zu speichern. Der Roboter ist dann in der Lage, die gespeicherten Positionen nachzufahren und die gewünschte Arbeitsbewegung durchzuführen. Diese Art der Programmierung heißt Teach-in-Programmierung.

Neben den eigentlichen Bewegungsanweisungen gehören zum Roboterprogramm Befehle, mit denen Eingangssignale abgefragt werden, z.B. Sicherheitsbedingungen, Endschalter, Start- und Stopmeldungen. Außerdem müssen Ausgangssignale erzeugt werden, z.B. wenn eine Störung auftritt oder zum Weiterschalten nach Beendigung des Arbeitsvorganges der Roboterachse.

Roboter können auch durch Sensoren geführt werden. Zum Beispiel wird der Kopf eines Schweißroboters an der vorbereiteten Schweißnaht entlanggeführt. Zum Entgraten kann eine Roboterhand, die ein Schleifwerkzeug trägt, der Kontur eines Rohlings entlanggeführt werden. Ähnliche Anwendungen findet man bei Waschrobotern zur Außenreinigung von Flugzeugen. Hier wird der Roboter der Oberfläche des Flügels oder der Kabine nachgeführt.
Bei Nachführeinrichtungen muß die Bewegung des Roboters im geschlossenen Regelkreis gefahren werden. Der Sensor gibt die Führungswerte vor. Nachführsensoren können auf den Anpreßdruck reagieren oder sie können den Abstand messen, z.B. durch einen induktiven, kapazitiven oder Ultraschall-Fühler. Es kann auch das Drehmoment z.B. der Schleifscheibe gemessen werden, indem der Strom des Antriebsmotors gemessen wird.
Die Bewegung des Roboters kann auch mit Hilfe optischer Sensoren gesteuert werden. Dies ist der Fall, wenn sich der Roboter aus einem Angebot unterschiedlicher Teile eines herausgreifen soll oder wenn er eine Sortierung nach Form und Farbe vornehmen soll. Als Sensoren dienen Halbleiterkameras, deren lichtempfindliche Diodenmatrix mit Bilderkennungsprogrammen ausgewertet werden.
Neben den klassischen Industrierobotern führen sich in Haushalt und Gewerbe sogenannte Service-Roboter ein.
Service-Roboter sind mobile Geräte, die spezielle Dienstleistungsaufgaben weitgehend automatisch erledigen.

Beispiele sind Aufgaben aus der Reinigungstechnik, der Transporttechnik oder der Lebensmittelverarbeitung. Service-Roboter bieten, je flexibler sie eingesetzt werden sollen und je komplexer die zu erfüllenden Dienstleistungsfunktionen sind, reizvolle herausfordernde Ingenieuraufgaben. Diese umfassen nicht nur die üblichen Meß- Steuerungs- und Regelungsverfahren sondern erstrecken sich darüber hinaus auf intelligente Verhaltensstrategien, neuronale Lernmethoden, spezielle Sicherheitskonzepte u.ä..

Bordcomputer:
Bild- und Spracherkennung
Steuer- und Regelalgorithmen
Sicherheitskonzept

Bild 11.8 Prinzip eines Service-Roboters

11.4 Steuerungen im Kraftfahrzeug

Um schädliche Emissionen zu vermindern, den Kraftstoffverbrauch zu senken, die Sicherheit zu erhöhen und den Komfort zu verbessern, werden moderne Kraftfahrzeuge mehr und mehr mit komplizierten Regelungs- und Steuerungseinrichtungen versehen.

Durch gezielte Steuerung der Kraftstoffeinspritzung und des Zündvorgangs wird das Motormanagement verbessert. Neuartige elektronische Steuerungen des Getriebes und die Regelung des Schlupfs der Antriebsräder sorgen für gleichbleibend optimale Kraftübertragung. Antiblockiersysteme verbessern die Fahrsicherheit in gefährlichen Grenzsituationen.

Die Steuereinrichtungen arbeiten mit elektronischen Signalen. Der Einsatz hochintegrierter Halbleiterschaltungen, die in großen Stückzahlen hergestellt werden können, gewährleistet eine hohe Zuverlässigkeit bei niedrigen Kosten.

Alle Sensoren, wie λ-Sonde, Drehzahlmesser, Temperaturfühler usw. müssen dann allerdings elektronische Meßgrößen ausgeben. Kompliziertere Systeme erfordern umfangreiche Verkabelungen. Man versucht diese durch den Einsatz von Feldbussystemen, CAN, ABUS usw. zu vermeiden. *Bild 11.9* zeigt das Schema einer Steuerung, die Schlupf und Blockieren der Räder verhindern soll.

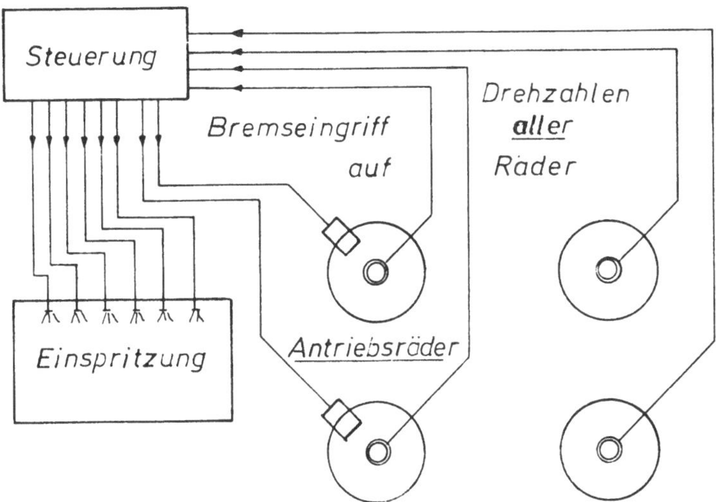

Bild 11.9 Schema eines Antischlupf-/Antiblockiersystems (ASR/ABS)

Für die Antischlupfregelung werden die Drehzahlen der vier Räder ausgewertet. Es werden daraus mehrere Signale berechnet:

- die Beschleunigung der angetriebenen Räder
- die Fahrzeuggeschwindigkeit und die Fahrzeugbeschleunigung aus den Drehzahlen der nicht angetriebenen Rädern
- die Kurvenfahrt aus der Differenz der Drehzahlen der nicht angetriebenen Räder
- der Antriebsschlupf aus der Differenz der Drehzahlen der angetriebenen und der nicht angetriebenen Räder.

Der Stelleingriff erfolgt über die Drosselklappenverstellung bzw. die Kraftstoffeinspritzung oder über die Bremsen. Es ist auch eine Kombination verschiedener Eingriffe möglich. Zusätzlich kann das Differentialgetriebe gesperrt werden.

11.5 Steuerung einer mit dezentral geregelten Servoantrieben ausgerüsteten Nockenwellen-Schleifmaschine über SERCOS-interface

Die Oberflächen der Nocken auf einer Nockenwelle sollen geschliffen werden. Um die Gesamtfläche des Nockens bearbeiten zu können, wird die Nockenwelle unter der Schleifscheibe hinweggedreht. Die Nockenfläche ändert dabei ihre Entfernung zur Wellenachse. Die Schleifscheibe muß entsprechend in ihrer Position nachgeführt werden.

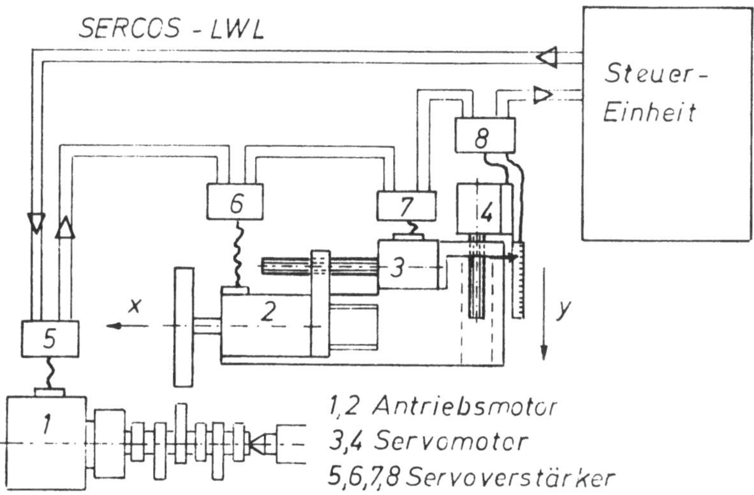

Bild 11.10 Steuerung einer Schleifmaschine über SERCOS-interface

Die Führung der Schleifscheibe in y-Richtung muß mit äußerster Präzision erfolgen. Daher ist die Rückführung der Absolutposition über ein Meßlineal erforderlich. Für den Arbeitsvorschub und für das Weiterschalten der Scheibe von einem Nocken zum nächsten ist eine weitere Positionierung der Scheibe in x-Richtung notwendig. Diese Bewegung verlangt geringere Genauigkeit. Daher genügt hier die Rückführung des Drehwinkels am Vorschubmotor.

Das SERCOS-interface übernimmt neben der Steuerung der Linearbewegungen x und y auch die Steuerung der Drehbewegungen sowohl der Nockenwelle als auch der Antriebswelle der Schleifscheibe. Diese werden beide im geschlossenen Drehzahlregelkreis gefahren. SERCOS übernimmt entsprechend der übergeordneten Aufgabe die Koordination durch Bereitstellung der jeweiligen Führungswerte.

11.6 Steuerung von Rotationsdruckmaschinen über INTERBUS-S

Eine Offset-Rotationsdruckmaschine, die bis zu 6000 Zeitungen je Stunde drucken kann, besteht aus drei Druckeinheiten mit je sechs vollautomatisch umsteuerbaren Druckwerken, ferner aus fünf Rollenträgern und einem Falzapparat.

Diese Komponenten enthalten je eine Vielzahl von Sensoren und Aktoren. In der Vergangenheit wurden derartige Anlagen zentral über eine SPS gesteuert.

Bei der neuen Ausführung sind fünf Automatisierungsgeräte (SPS) vorhanden. Jedes verarbeitet über einen eigenen INTERBUS-S Feldbus ca. 2000 digitale und analoge Ein- und Ausgangssignale von den Aktoren und Sensoren der Maschinen.

Die Automatisierungsgeräte sind untereinander und mit zusätzlichen Industriecomputern und Bedienungsterminals über einen weiteren Bus vernetzt.

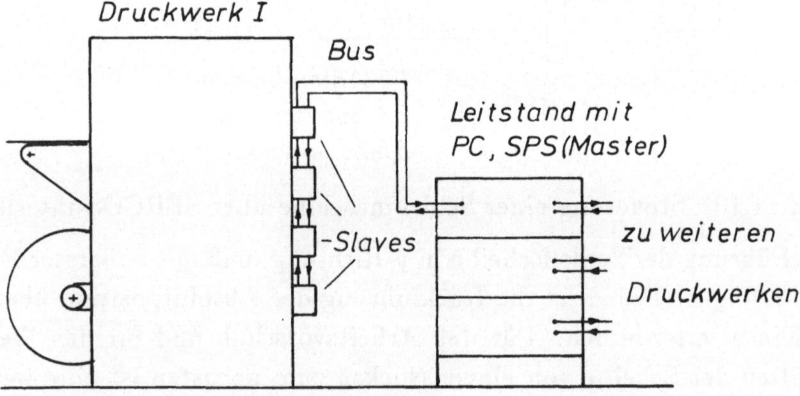

Bild 11.11 Steuerung einer Rotationsdruckmaschine mit INTERBUS-S

Der Vorteil der dezentralen Anordnung mehrerer Automatisierungseinheiten und die Vernetzung der Feldebene mittels Feldbus liegt nicht nur darin, daß Verkabelungsaufwand eingespart wird. Vielmehr können die einzelnen Maschineneinheiten jetzt bereits vor der Auslieferung an den Kunden im Werk verdrahtet und getestet werden. Nachdem die Maschinen beim Kunden aufgestellt sind, muß nur noch die INTERBUS-Leitung verlegt werden.

11.7 Entwicklungstrend in der Steuerungstechnik

In der Steuerungstechnik ist deutlich ein Trend zu erkennen, der die Steuer- und Regelungs-Intelligenz einer Anlage oder Maschine vom zentralen Steuerrechner weg immer näher an den Meß- oder Stellort verlagert.

So wurde der zentrale Prozeßrechner ersetzt durch den Mikroprozessor im Industrie-PC und in der SPS, die beide direkt vor Ort unmittelbar am Prozeß eingesetzt werden. Parallel dazu entwickelte sich die Bustechnologie, die die intelligenten Steuerungsgeräte vor Ort miteinander verbindet und den Kabelbaum ersetzt, der vorher das Bindeglied zwischen Peripherie und Zentralrechner darstellte.

Der Feldbus schließlich ist die logische Anwendung des Bussystems unmittelbar am Ort des Geschehens zwischen den einzelnen Aktoren und Sensoren. Er verbindet diese mit der Steuerung im PC oder mit einem Automatisierungsgerät, z.B. einer SPS.

Eine noch weiter gehende Entwicklung scheint sich zur Zeit mit dem Einsatz sogenannter LON-Technologie anzubahnen. LON (Local Operating Network) bringt die Steuer-Intelligenz direkt vor Ort unmittelbar in die Sensoren bzw. Aktoren hinein.

Mit Standard-Hardware-Komponenten, die Mikroprozessoren, Halbleiterspeicher (RAM, ROM), Ein- und Ausgabeports und einen Kommunikationsport enthalten und unmittelbar mit den Aktoren oder Sensoren gekoppelt werden, sowie mit dazu gehörigen Standard-Software-Komponenten wird jeder Konten des LON-Netzwerks selber zum Steuerrechner.

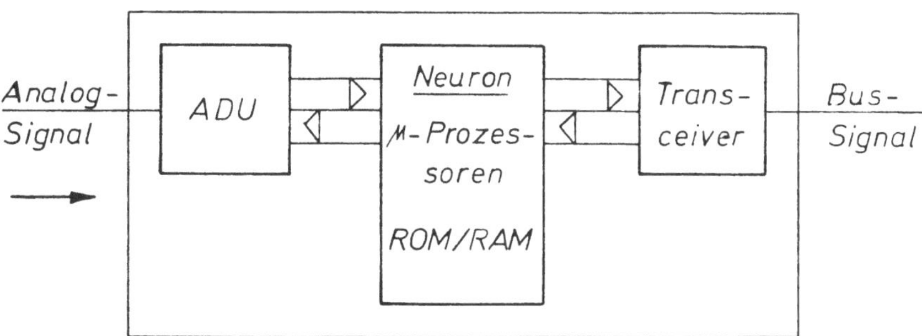

Bild 11.12 Aufbau eines analogen LON-Eingabemoduls

Das gesamte Netzwerk wird auf diese Weise zum intelligenten Globalsystem. LON-Knoten können digitale oder analoge Eingangssignale verarbeiten. Als Beispiel zeigt *Bild 11.12* den Aufbau eines analogen Eingabebausteins.
Das Modul wird mit Gleichspannung zwischen 18 und 30 V gespeist. Das sogenannte Neuron enthält drei 8 Bit Mikroprozessoren und Halbleiterspeicher (ROM/RAM). Die Verbindung zum Bus (z.B. verdrillte Zweidrahtleitung) wird durch den Transceiver hergestellt. Das Telegramm des LON enthält Kommandos und Statusinformationen.
Digitale Ein-/Ausgabeeinheiten besitzen den prinzipiell gleichen Aufbau wie das analoge Modul. Die Bausteine können als digitale Zähler programmiert werden. Sie können logische und Timer-Funktionen erfüllen oder durch Einstellen von Schwellwerten als Zwei- oder Dreipunktregler wirken.

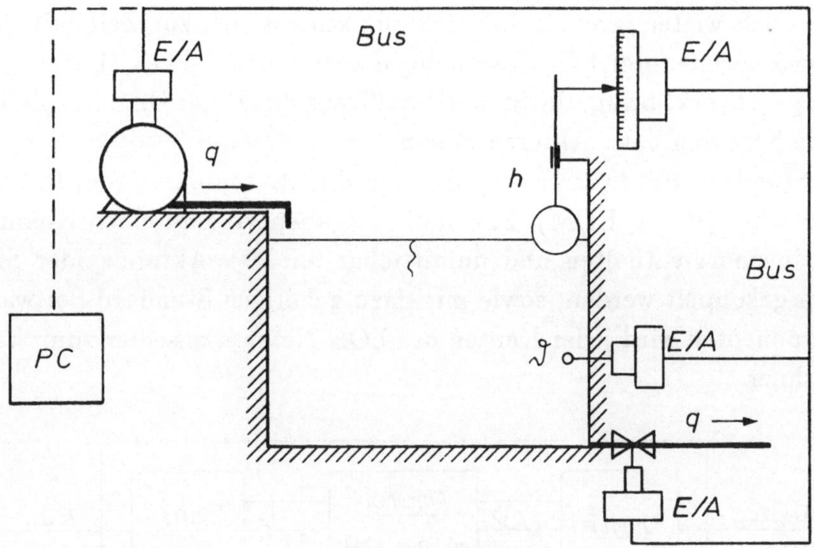

Bild 11.13 Prinzip einer Prozeßsteuerung mittels LON-Netzwerk

Die Meßwerte werden unmittelbar in den Eingabeknoten ausgewertet. Stellbefehle werden von diesen direkt an die Ausgabeeinheiten weitergegeben. Der angeschlossene PC dient nur zur Ausgabe von Alarmmeldungen, zur Dokumentation und zur Visualisierung.

12 Übungsaufgaben

12.1 Aufgaben zum Abschnitt 1

Aufgabe 1.1

Mit einer Federwaage sollen Gewichte zwischen 0 und 75g gemessen werden.

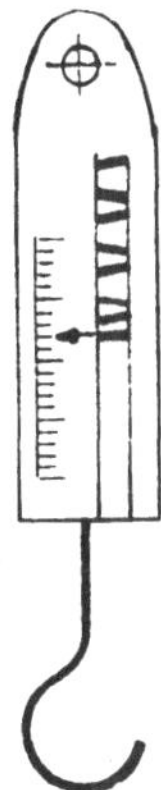

Auf welchem physikalischen Gesetz beruht die Federwaage?
Skizzieren Sie den Verlauf der Auslenkung der Waage in Abhängigkeit von der angehängten Gewichtskraft.
Wie nennt man eine solche Abhängigkeit?
Warum kann man in diesem Fall von einer analogen Messung sprechen?

Aufgabe 1.2

Für eine Hebelwaage sind folgende Gewichtstücke vorhanden:

5g , 10g , 20g , 40g .

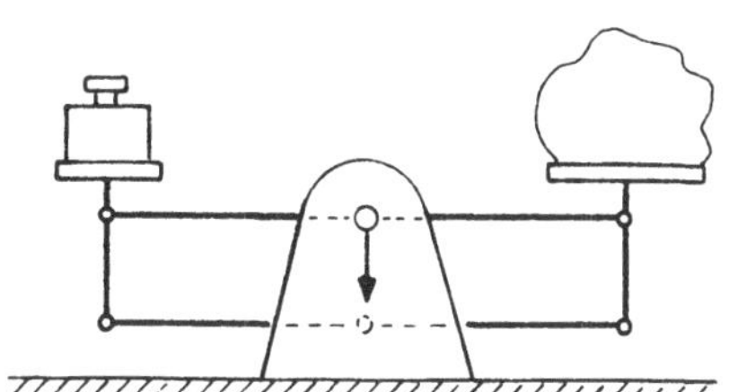

Stellen Sie eine Tabelle zusammen, die alle Gewichte enthält, die mit der Waage gemessen werden können.
Wieviel Möglichkeiten gibt es insgesamt?
Wieso kann man hier von einer digitalen Messung sprechen?

Wieviel unterschiedliche Gewichte kann man messen, wenn noch ein Gewichtstück von 2,5 g vorhanden ist?
Stellen Sie ein Gesetz auf, das die Anzahl der Wiegemöglichkeiten der Anzahl der Gewichtstücke zuordnet.

Aufgabe 1.3

Gegeben sind die beiden hydraulischen Linearantriebe:

a) mit Gleichlaufzylinder b) mit Differentialzylinder.

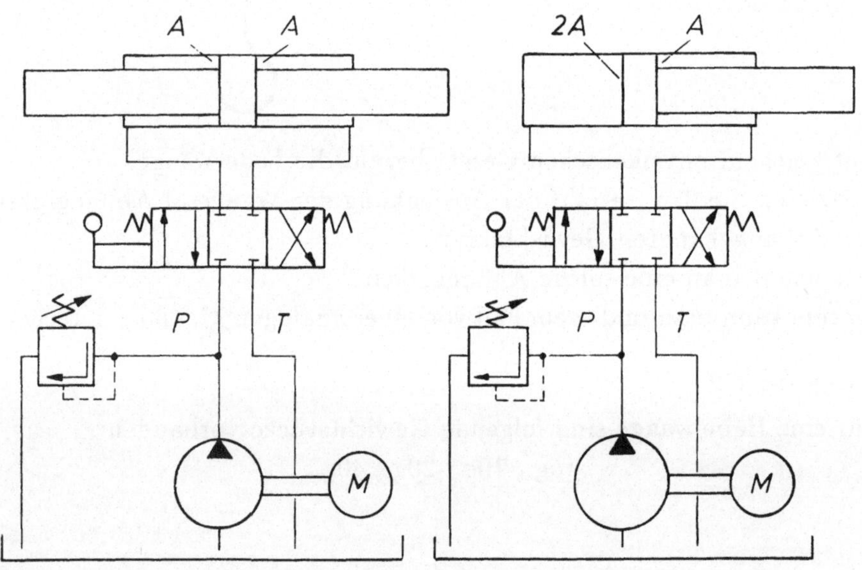

Erläutern Sie die Unterschiede der beiden Antriebe.
Zeichnen Sie die Verläufe der Hubbewegungen für das Ausfahren und für das Einfahren und untersuchen Sie für beide Fälle die maximal möglichen Stellkräfte.
Es wird vorausgesetzt, daß beide Zylinder gleich belastet sind und beide Ventile gleiche Charakteristik besitzen.

12.2 Aufgaben zum Abschnitt 2

Aufgabe 2.1

In der Darstellung der Mengenlehre ist folgendes Diagramm gegeben:

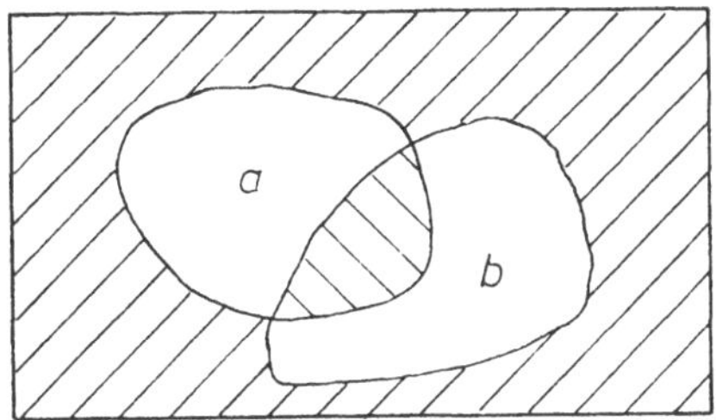

Welche logische Funktion bezüglich der Mengen a und b ist durch die gestrichelten Flächen dargestellt?
Stellen Sie die Wahrheitstabelle auf.
Leiten Sie die Funktionsgleichung aus der Wahrheitstabelle her.
Wie nennt man diese Funktion?
Zeichnen Sie die symbolische Schaltung.

Aufgabe 2.2

Eine Lampe soll, wie die abgebildete Schaltung zeigt, mit zwei Wechselschaltern und einem Kreuzschalter von drei Stellen aus geschaltet werden können.

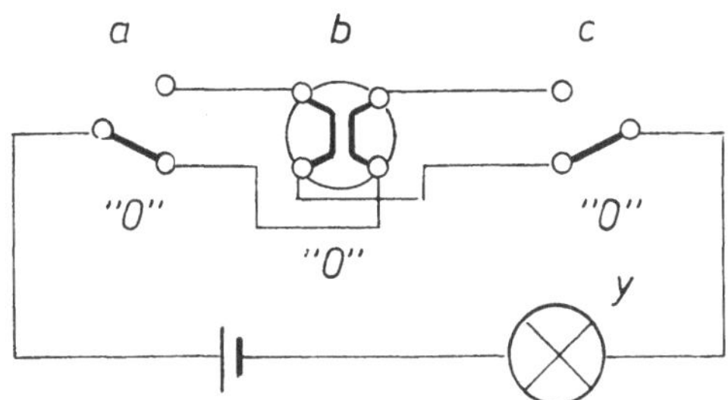

Jeder Schalter hat zwei Schaltstellungen. In der gezeichneten Stellung befinden sich alle Schalter im Zustand "0".

Stellen Sie die Wahrheitstabelle auf. Die drei Schalter a, b und c bilden die Eingangsvariablen. Der Zustand y der Lampe ist die Ausgangsvariable.
Entwickeln Sie aus der Wahrheitstabelle die Schaltgleichung

$$y = f(a, b, c).$$

Prüfen Sie an Hand des Karnaugh-Diagramms, ob eine Vereinfachung möglich ist.

Aufgabe 2.3

Untersuchen Sie die durch die symbolische Schaltung gegebene Schaltfunktion:

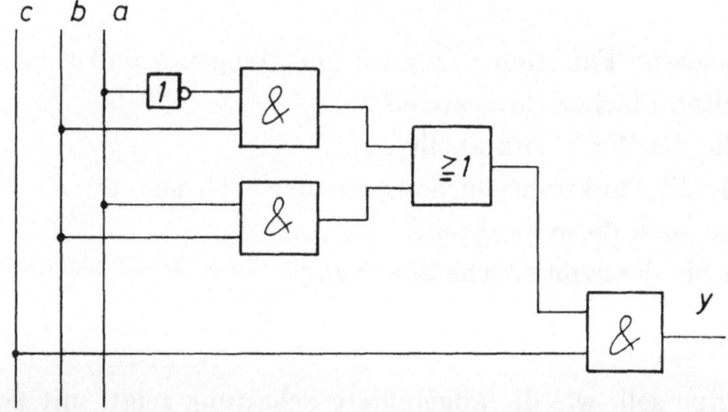

Stellen Sie die Schaltgleichung auf.
Schreiben Sie die Wahrheitstabelle.
Untersuchen Sie,

a) mit Hilfe des Karnaugh-Diagramms

b) durch Berechnung mit Hilfe der Booleschen Algebra

ob sich die Schaltgleichung vereinfachen läßt.

Aufgabe 2.4

Die in der symbolischen Schaltung gegebene Schaltfunktion soll vereinfacht werden.

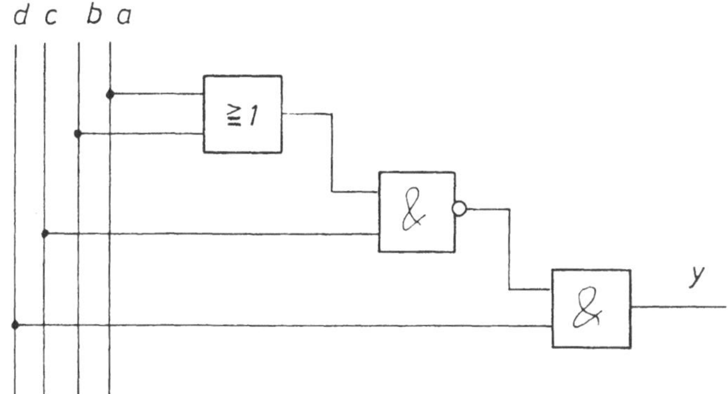

Stellen Sie die Funktionsgleichung auf.
Bringen Sie die Gleichung durch Erweiterung in die disjunktive Normalform.
Zeichnen Sie das Karnaugh-Diagramm.
Prüfen Sie, ob eine Vereinfachung möglich ist.

Aufgabe 2.5

Einem Roboter werden auf einem Förderband Teile unterschiedlicher Gestalt, Masse, Farbe und Temperatur zugeführt.
Die Merkmale werden dem Roboter durch vier Sensoren gemeldet.
Sensor 1 zeigt mit dem Signal a = "1" an, daß das Teil eine quaderförmige Gestalt besitzt. Alle anderen Formen ergeben a = "0".
Sensor 2 signalisiert b = "1", wenn eine kritische Masse überschritten wird, sonst b = "0".
Sensor 3 mißt die Farbe "rot" mit dem Signal c = "1", alle anderen Farben mit c = "0".
Sensor 4 ergibt d = "1" wenn die Oberflächentemperatur des Teils 70° überschreitet. Bei geringeren Temperaturen ist d = 0 .

Der Roboter soll aus dem zugeführten Teilestrom alle heißen Quader, alle roten Quader und alle Gegenstände, die die kritische Masse überschreiten, herausgreifen y = "1".

Stellen Sie die Wahrheitstabelle auf, die alle denkbaren Kombinationen der Zustände der vier Sensoren enthält und aus der abzulesen ist, wann der Roboter zugreifen muß.

Schreiben Sie die logische Gleichung für den Zugriff des Roboters auf.

Tragen Sie die Kombinationen für y = "1" in ein Karnaugh-Diagramm ein.

Vereinfachen Sie die Funktion.

Zeichnen Sie ein Schaltbild für die vereinfachte logische Gleichung.

Aufgabe 2.6

Die durch die drei Bits a, b, c gegebenen Zustände sollen auf einem Display durch sieben Lampen L1, L2, L3, L4, L5, L6, L7 in der Darstellung eines Würfels angezeigt werden.

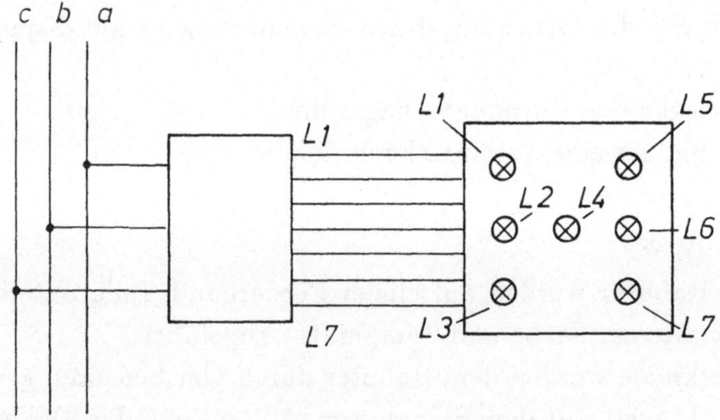

Wenn alle Bits "0" sind, soll keine Lampe brennen. Sind alle Bits "1", so sollen alle Lampen brennen.

Stellen Sie zunächst eine Wahrheitstabelle auf, die den Zustand der Lampen den drei Bits zuordnet.

Stellen Sie die Schaltgleichungen für die sieben Lampen auf.

Vereinfachen Sie die Gleichungen mit Hilfe des Karnaugh-Diagramms.

Zeichnen Sie die vereinfachte Schaltung.

12.3 Aufgaben zum Abschnitt 5

Aufgabe 5.1

Ein 4 Bit-Binärzähler wird von einer Impulsfolge angesteuert. Die Ausgänge des Zählers werden über eine Dekoder-Schaltung so ausgewertet, daß für jeden der Zählerzustände 5, 7, 10 und 14 jeweils eine Kontrollampe eingeschaltet wird.
Bei jedem 16. Impuls werden die Lampen wieder ausgeschaltet.
Zusätzlich soll eine Hupe Signal geben, wenn einer der vier Zustände angefahren wird.

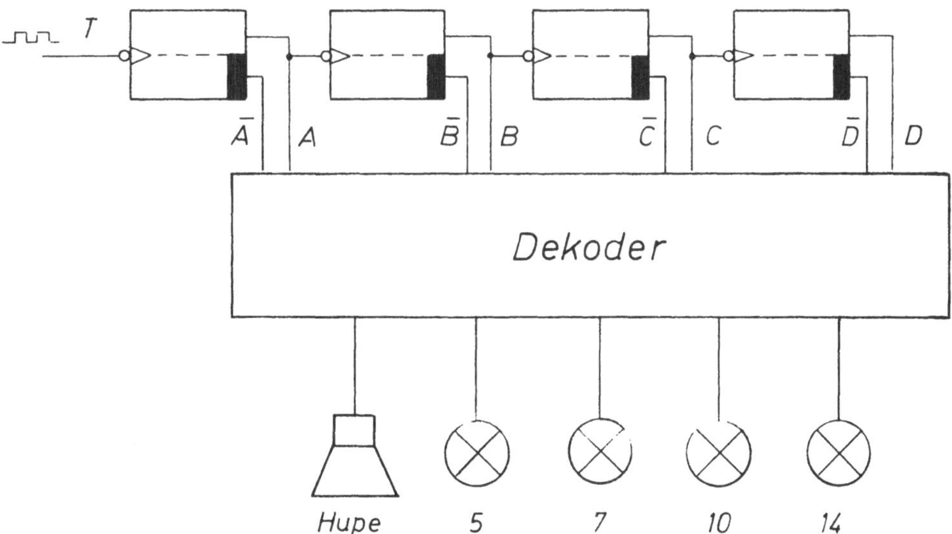

Schreiben Sie die Wahrheitstabelle für den Zähler.
Entwickeln Sie die Schaltgleichungen für den Dekoder.
Zeichnen Sie die Schaltung für die Lampen.
Stellen Sie die Schaltgleichung für die Hupe auf.
Vereinfachen Sie die Gleichung und zeichnen Sie die Schaltung für die Hupe.

Aufgabe 5.2

Ein absoluter Stellungsgeber gibt ein Drei-Bit-Signal im Gray-Code aus, vgl. Tabelle 11.1, S. 143 .
Das Signal soll digital weiterverarbeitet werden und muß dafür in den Dualcode umgesetzt werden. Die Abbildung zeigt den Codeumsetzer und die Benennung der Ein- und Ausgangsklemmen.

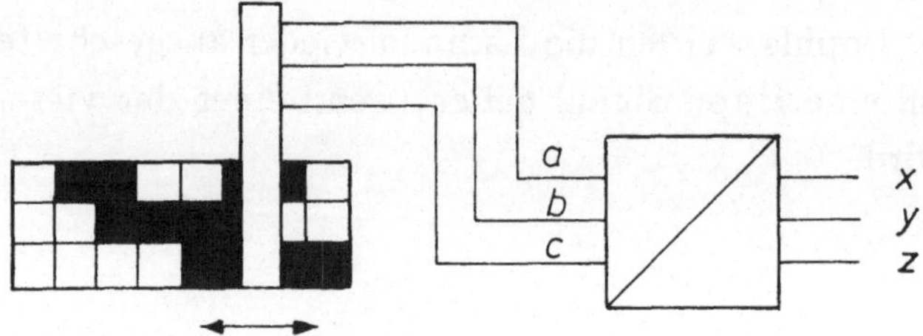

Stellen Sie Funktionsgleichungen $x = f(a,b,c)$, $y = f(a,b,c)$ und $z = f(a,b,c)$ auf.
Prüfen Sie mit dem Karnaugh Diagramm, ob sich Vereinfachungen ergeben.
Zeichnen Sie die symbolische Schaltung des Umsetzers.

Aufgabe 5.3

Bei einer Flaschenfüllanlage wird die lückenlose Zuführung der leeren Flaschen auf dem Bandförderer durch eine Lichtschranke überwacht.

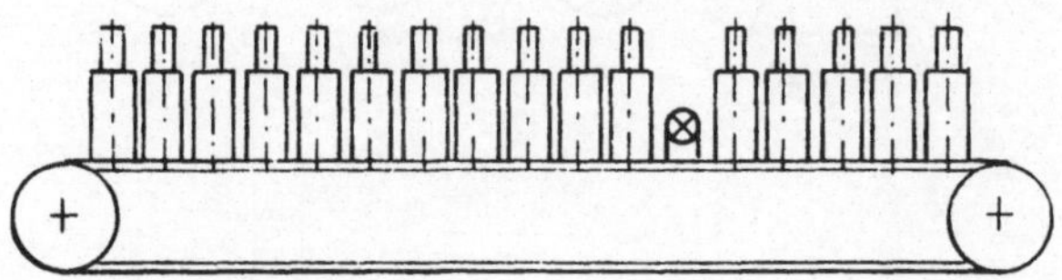

Die Flaschen werden mit gleichbleibender Geschwindigkeit an der Lichtschranke vorbeigeführt. Sind keine Lücken vorhanden, so erzeugt die Lichtschranke eine periodische Impulsfolge. Fehlt eine Flasche, so entsteht eine Impulslücke.
In einem solchen Fall soll eine Steuerschaltung dafür sorgen, daß der Füllvorgang unterbrochen wird.

Aufgabe 5.4

Bei der Entleerung von Tankfahrzeugen oder beim Befüllen von Tanks an Tankstellen muß durch eine Sicherheitseinrichtung dafür gesorgt werden, daß der Befüller ständig am Ort ist und den Abfüllvorgang überwacht.
Diese Sicherheitseinrichtung enthält einen NOT-AUS-Taster und eine Totmanntaste. Der Befüller trägt die Einheit am Gürtel oder um den Hals und ist dabei über ein Kabel mit der Füllstation verbunden. Das Kabel ist gerade so lang, daß der Befüller sich nicht weiter als 12 m vom Tankfahrzeug entfernen kann.
Der Befüller muß periodisch alle 30 Sekunden plus 10 Sekunden Toleranz die Sicherheitstaste bedienen. Tut er dieses nicht oder wird die Taste dauernd gedrückt, so wird die Befüllung automatisch abgebrochen.
Eine Betätigung der NOT-AUS-Taste führt ebenfalls zum sofortigen Abbruch der Befüllung. Der Füllvorgang kann nach dem Abbruch nur durch eine Entriegelungstaste direkt am Fahrzeug erneut gestartet werden.
Während der Freigabezeit von 30 Sekunden soll am Sicherheitsgerät eine grüne Lampe leuchten.
Während der Toleranzzeit von 10 Sekunden soll eine gelbe Lampe blinken und ein akustisches Signal gegeben werden.
Nach dem Abbruch der Befüllung soll eine rote Lampe solange leuchten, bis die Füllung erneut freigegeben ist.

Entwerfen Sie die logische Schaltung der Sicherheitseinrichtung.
Welche Sensoren, welche Aktoren sind erforderlich?

12.4 Aufgaben zum Abschnitt 6

Aufgabe 6.1

Ein digitales Voltmeter zeigt den Spannungswert 97.643 V an.
Rechnen Sie den Spannungswert als ganze Zahl ohne Berücksichtigung des Dezimalpunktes in den BCD-Code um.
Wie lautet der Wert in der hexadezimalen Form?

Aufgabe 6.2

Gegeben sind ein Halbaddierer und zwei Volladdierer, s. Abbildung:

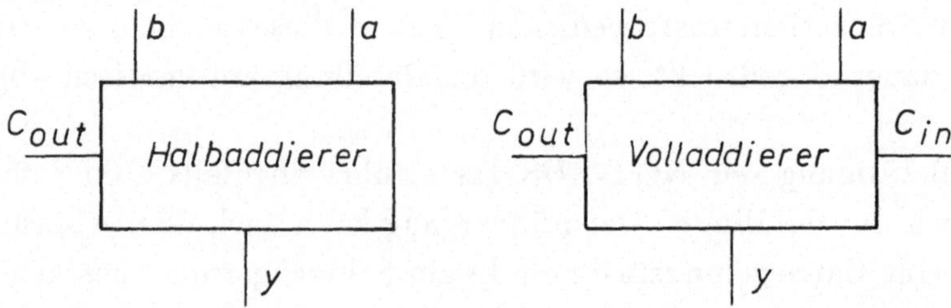

Ersetzen Sie mit diesen Elementen das vorliegende symbolische Schaltbild, so daß die beiden dreistelligen Dualzahlen $a_2\, a_1\, a_0$ und $b_2\, b_1\, b_0$ zu dem dreistelligen Ergebnis $y_2\, y_1\, y_0$ und dem zugehörigen Übertragsbit addiert werden.
Markieren Sie die Leitungen, die eine "1" enthalten, wenn
$a_2\, a_1\, a_0 = 011$ und $b_2\, b_1\, b_0 = 101$ ist.
Machen Sie die Probe durch dezimale Addition.

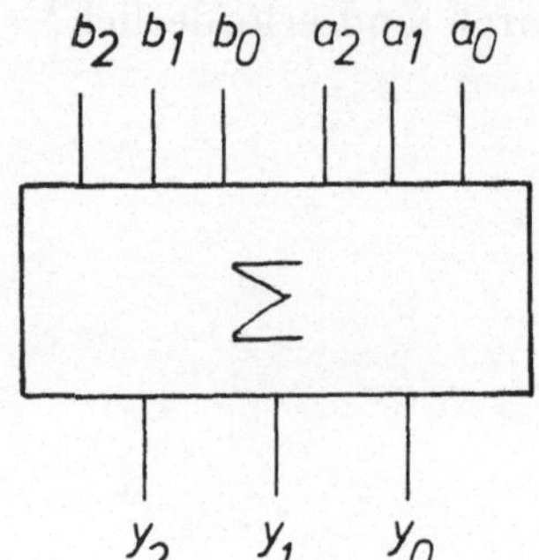

Symbolisches Schaltbild der Addition zweier dreistelliger Dualzahlen

12.5 Aufgaben zum Abschnitt 7

Aufgabe 7.1

Ein Blechteil soll an einer Kante hydraulisch umgebogen werden.

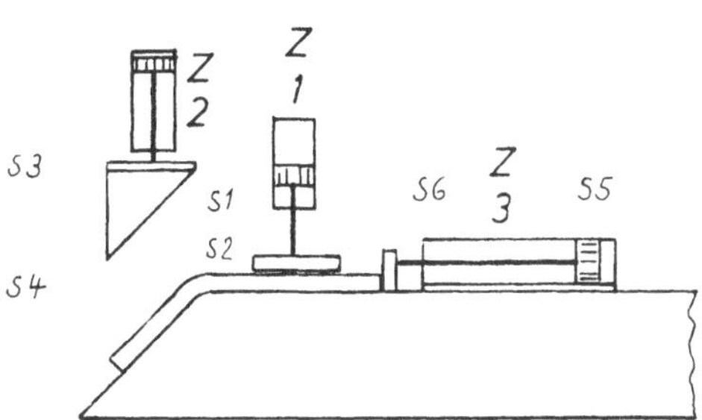

Es sind drei Hydraulikzylinder vorgesehen, die je zwei Endlagenschalter besitzen.
Das Blechteil wird von Hand in die Biegevorrichtung eingelegt.
Der Zylinder Z1 mit den Endlagensignalen $S1 = 1$ im eingefahrenen Zustand und $S2 = 1$ im ausgefahrenen Zustand fixiert das Blechteil auf der Unterlage.
Nachdem der Zylinder Z1 das Werkstück eingespannt hat, fährt der Zylinder Z2 aus und biegt die Blechkante um.
Der Schalter S3 zeigt den eingefahrenen Zustand des Zylinders Z2 an, der Schalter S4 gibt Signal, wenn der Zylinder ausgefahren ist.
Nach dem Biegevorgang fährt der Zylinder Z2 zurück, der Zylinder Z1 gibt das Werkstück frei und der Zylinder Z3 stößt das fertige Teil aus.
Der Zylinder Z3 aktiviert den Endlagenschalter S5 im eingefahrenen Zustand und den Schalter S6 im ausgefahrenen Zustand.
Bevor ein neues Teil eingelegt werden kann, muß der Zylinder Z3 in seine Ausgangslage zurückfahren.

Zeichnen Sie das Weg-Schritt-Diagramm für die Funktion der Zylinder.
Wieviel Speicher sind zur Lösung der Aufgabe erforderlich?
Stellen Sie eine Funktionstabelle auf, in der zu jedem Wegschritt die Signale der Schalter S1 bis S6 und der Zustand der Speicher enthalten sind.
Zeichnen Sie den Funktionsplan der Ablaufsteuerung.

Aufgaben zum Abschnitt 10

Aufgabe 10.1

22 Schaltkontakte, 3 Lichtschranken, 5 Positionssensoren sowie 1 Motorschütz, 3 Relais und eine Hupe sollen über einen Industriecomputer, der ein entsprechendes Steuerprogramm enthält, miteinander verknüpft werden. Es handelt sich ausschließlich um binär arbeitende Geräte und es werden nur binäre Signale übertragen.

1) Skizzieren Sie die Verdrahtung des Rechners mit den einzelnen Sensoren und Aktoren, wenn eine direkte parallele Schaltung vorgesehen ist.
Über welche Ein- und Ausgabemodule muß der Computer verfügen?

2) Lösen Sie die Aufgabe unter Anwendung eines Feldbussystems.
Skizzieren Sie den Bus.
Machen Sie einen Vorschlag für ein Buszugriffsverfahren und eine einfache Datensicherung.
Entwerfen Sie das Bus-Protokoll.
Wählen Sie eine serielle Datenschnittstelle aus.
Welche Vor- und Nachteile bestehen bei der Feldbuslösung im Vergleich zur konventionellen parallelen Verdrahtung?

13 Lösungen zu den Übungsaufgaben

Lösung der Aufgabe 1.1

Die Federwaage beruht auf dem Gesetz der elastischen Verformung:

$F = c \cdot s$

F Schwerkraft des Gewichtes an der Feder
c Federkonstante
s Federlängung

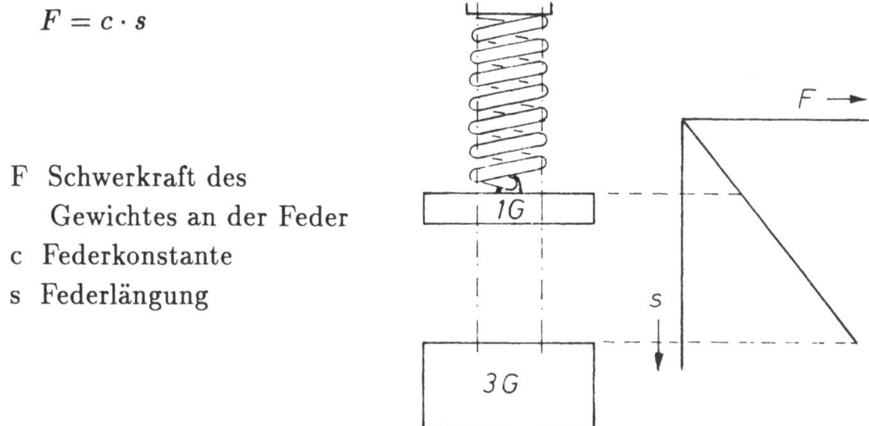

Für konstantes c ergibt sich ein linearer Verlauf der Federkennlinie. Die Längung ist der Gewichtskraft proportional.
Innerhalb des Meßbereichs ergibt sich für jeden Gewichtswert eine zugehörige Federlänge. Daher handelt es sich um eine analoge Messung.

Lösung der Aufgabe 1.2

Die Gewichtsstücke unterscheiden sich jeweils um den Faktor zwei voneinander. Die möglichen Gewichtskombinationen ergeben sich als Vielfache von 5 g . Sie lassen sich wie in der Tabelle gezeigt als Dualzahl anordnen.

	40 g	20 g	10 g	5 g
0 g	0	0	0	0
5 g	0	0	0	1
10 g	0	0	1	0
15 g	0	0	1	1
20 g	0	1	0	0
25 g	0	1	0	1
30 g	0	1	1	0
35 g	0	1	1	1

	40 g	20 g	10 g	5 g
40 g	1	0	0	0
45 g	1	0	0	1
50 g	1	0	1	0
55 g	1	0	1	1
60 g	1	1	0	0
65 g	1	1	0	1
70 g	1	1	1	0
75 g	1	1	1	1

Es gibt 16 verschiedene Gewichtskombinationen mit einer Stufung von 5 g , da es sich um eine digitale Messung mit n = 4 Bit handelt.
Die Anzahl der Kombinationen ergibt sich aus der Gleichung

$$z = 2^n$$

Wenn noch ein weiteres Gewichtstück von 2,5 g vorhanden ist, ist die Stufung der Gewichte doppelt so fein.
Es ergeben sich $z = 2^5 = 32$ Gewichtstufen.

Lösung der Aufgabe 1.3

Die beiden Antriebe unterscheiden sich durch ihre wirksamen Kolbenflächen.
Der Gleichlaufzylinder hat auf der Seite A und auf der Seite B gleich große Kolbenflächen. Daher wird er bei gleichem Volumenstrom nach beiden Seiten mit der gleichen Geschwindigkeit fahren.
Beim Differentialzylinder sind die Kolbenflächen ungleich groß. Es wird häufig das Flächenverhältnis von 2 : 1 ausgeführt. Dann bewegt sich der Kolben in die eine Richtung doppelt so schnell wie in die andere.
Die Kolbenkräfte stehen in diesem Fall ebenfalls im Verhältnis 2 : 1 , während sie beim Gleichlaufzylinder gleich groß sind.

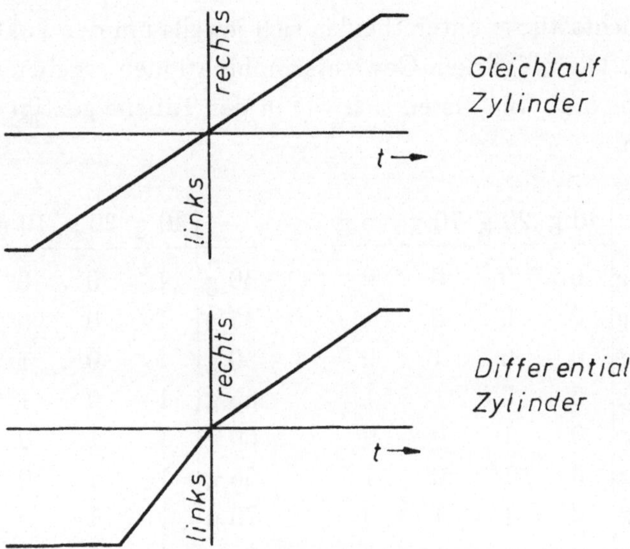

Lösung der Aufgabe 2.1

Die Schaltfunktion ist dort "wahr", wo die Mengen a und b nicht vorhanden sind oder wo sowohl a als auch b "wahr" ist.
Die Funktion lautet daher:

$$y = (\bar{a} \wedge \bar{b}) \vee (a \wedge b)$$

Die Wahrheitstabelle lautet:

b	a	y		
0	0	0	$(\bar{a} \wedge \bar{b})$	keine Variable "wahr"
0	1	0		
1	0	0		
1	1	1	$(a \wedge b)$	beide Variablen "wahr"

Die Funktion wird Äquivalenz genannt.
Die symbolische Schaltung der Äquivalenz ist:

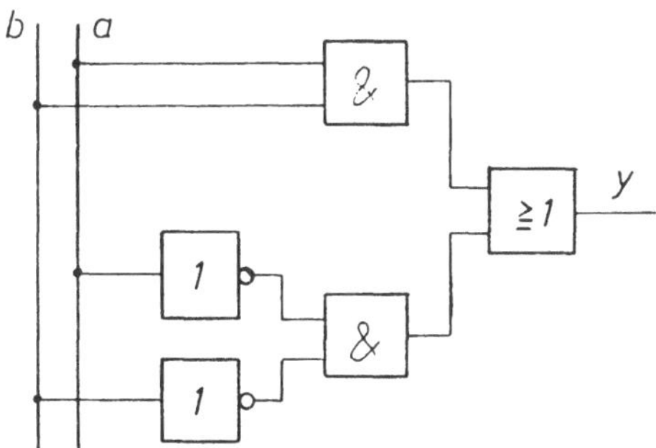

Die Äquivalenz kann auch durch Negation der Antivalenz gebildet werden:

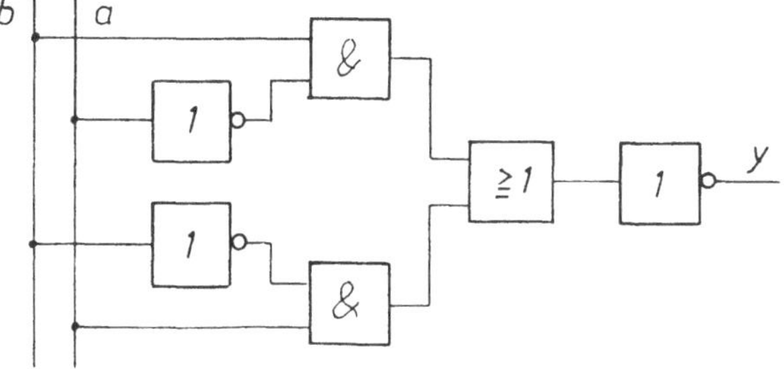

Lösung der Aufgabe 2.2

Die Wahrheitstabelle lautet:

c	b	a	y	Teilfunktionen für die y = 1
0	0	0	0	
0	0	1	1	$(a \wedge \overline{b} \wedge \overline{c})$
0	1	0	1	$(\overline{a} \wedge b \wedge \overline{c})$
0	1	1	0	
1	0	0	1	$(\overline{a} \wedge \overline{b} \wedge c)$
1	0	1	0	
1	1	0	0	
1	1	1	1	$(a \wedge b \wedge c)$

Die Schaltgleichung ergibt sich zu:

$$y = (a \wedge \overline{b} \wedge \overline{c}) \vee (\overline{a} \wedge b \wedge \overline{c}) \vee (\overline{a} \wedge \overline{b} \wedge c) \vee (a \wedge b \wedge c)$$

Die Teilfunktionen werden in das Karnaugh-Diagramm eingetragen:

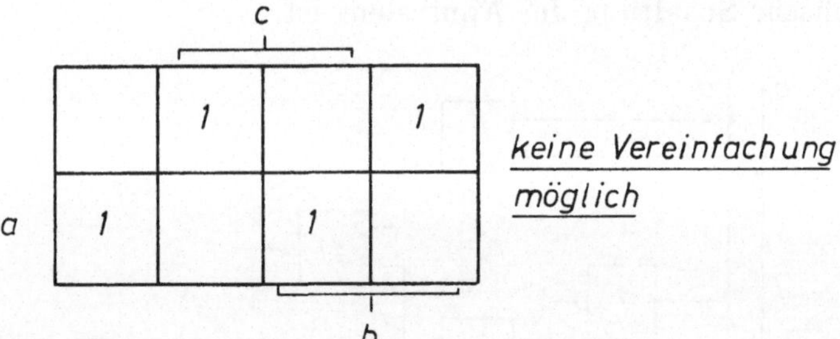

Wenn die Wahrheitstabelle nach dem Gray-Code geordnet aufgestellt wird, fällt auf, daß die Lampe immer dann umgeschaltet wird, wenn jeweils nur ein Schalter seinen Zustand ändert.

a	b	c	y
0	0	0	0
0	0	1	1
0	1	1	0
0	1	0	1
1	1	0	0
1	1	1	1
1	0	1	0
1	0	0	1

Lösung der Aufgabe 2.3

Die Schaltgleichung ergibt sich zu:

$$y = [(\bar{a} \wedge b) \vee (a \wedge b)] \wedge c = (\bar{a} \wedge b \wedge c) \vee (a \wedge b \wedge c)$$

Die Wahrheitstabelle lautet:

c	b	a	y	Teilfunktionen für die y = 1
0	0	0	0	
0	0	1	0	
0	1	0	0	
0	1	1	0	
1	0	0	0	
1	0	1	0	
1	1	0	0	$(\bar{a} \wedge b \wedge c)$
1	1	1	1	$(a \wedge b \wedge c)$

Das Karnaugh-Diagramm ergibt:

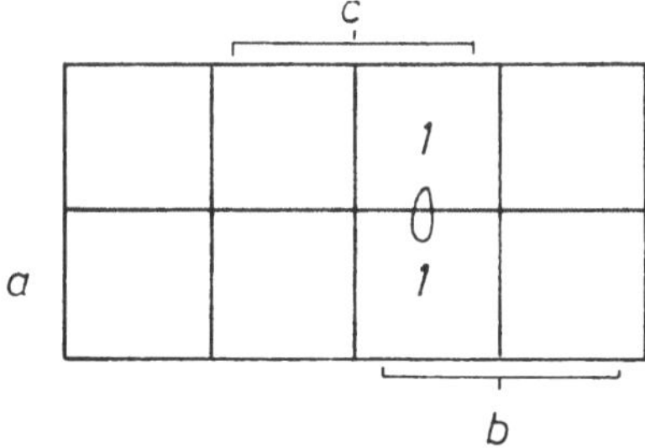

Durch Zusammenfassung ergibt sich aus dem Karnaugh-Diagramm die Vereinfachung:

$$\underline{\underline{y = b \wedge c}}$$

Das Ergebnis läßt sich ebenso mit Hilfe der Boole'schen Algebra entwickeln:

$$y = [(\bar{a} \wedge b) \vee (a \wedge b)] \wedge c = (\bar{a} \wedge b \wedge c) \vee (a \wedge b \wedge c)$$

$$y = (\bar{a} \vee a) \wedge (b \wedge c) = 1 \wedge (b \wedge c) = \underline{\underline{b \wedge c}}$$

Lösung der Aufgabe 2.4

Aus der symbolischen Schaltung leitet sich folgende Schaltgleichung ab:

$$y = \overline{[(a \vee b) \wedge c]} \wedge d = [(\overline{a} \wedge \overline{b}) \vee \overline{c}] = (\overline{a} \wedge \overline{b} \wedge d) \vee (\overline{c} \wedge d)$$

Durch Erweiterung mit $(c \vee \overline{c}) = 1$ und $(a \vee \overline{a}) = 1$ sowie $(b \vee \overline{b}) = 1$ ergibt sich:

$$y = (\overline{a} \wedge \overline{b} \wedge c \wedge d) \vee (\overline{a} \wedge \overline{b} \wedge \overline{c} \wedge d) \vee (a \wedge b \wedge \overline{c} \wedge d) \vee (a \wedge \overline{b} \wedge \overline{c} \wedge d) \vee (\overline{a} \wedge b \wedge \overline{c} \wedge d)$$

Diese Teilfunktionen werden in das Karnaugh-Diagramm für vier Variablen eingetragen:

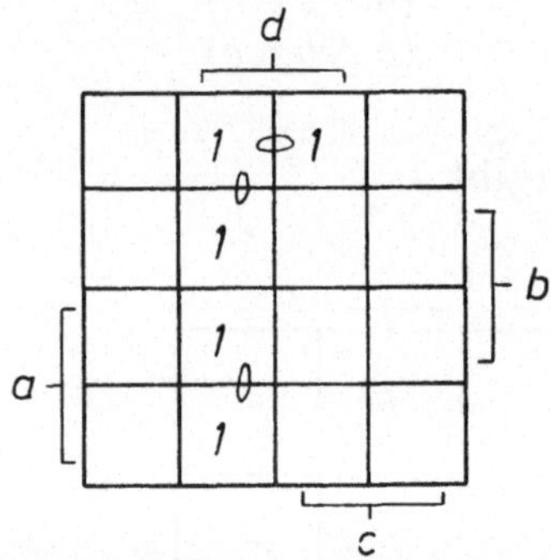

Durch Zusammenfassung von je zwei Feldern erhält man vereinfachte Teilfunktionen. Daraus ergibt sich die Funktion zu:

$$y = (\overline{a} \wedge \overline{b} \wedge d) \vee (\overline{c} \wedge d)$$

Durch Ausklammern bekommt man:

$$y = [(\overline{a} \wedge \overline{b}) \vee \overline{c})] \wedge d$$

Das Ergebnis ist gegenüber der Ausgangsfunkion nicht einfacher geworden. Es zeigt sich, daß bereits alle Möglichkeiten der Vereinfachung ausgeschöpft worden sind.

Lösung der Aufgabe 2.5

Die Wahrheitstabelle lautet:

#	d	c	b	a	y
0	0	0	0	0	0
1	0	0	0	1	0
2	0	0	1	0	1
3	0	0	1	1	1
4	0	1	0	0	0
5	0	1	0	1	1
6	0	1	1	0	1
7	0	1	1	1	1

#	d	c	b	a	y
8	1	0	0	0	0
9	1	0	0	1	1
10	1	0	1	0	1
11	1	0	1	1	1
12	1	1	0	0	0
13	1	1	0	1	1
14	1	1	1	0	1
15	1	1	1	1	1

Die logische Gleichung für den Zugriff des Roboters folgt aus der Wahrheitstabelle durch ODER-Verknüpfung der Glieder, für die $y = 1$ ist:

$$y = (\overline{a} \wedge b \wedge \overline{c} \wedge \overline{d}) \vee (a \wedge b \wedge \overline{c} \wedge \overline{d}) \vee (a \wedge \overline{b} \wedge c \wedge \overline{d}) \vee (\overline{a} \wedge b \wedge c \wedge \overline{d}) \vee$$
$$(a \wedge b \wedge c \wedge \overline{d}) \vee (a \wedge \overline{b} \wedge \overline{c} \wedge d) \vee (\overline{a} \wedge b \wedge \overline{c} \wedge d) \vee (a \wedge b \wedge \overline{c} \wedge d) \vee$$
$$(a \wedge \overline{b} \wedge c \wedge d) \vee (\overline{a} \wedge b \wedge c \wedge d) \vee (a \wedge b \wedge c \wedge d)$$

Das Karnaugh-Diagramm ergibt sich zu

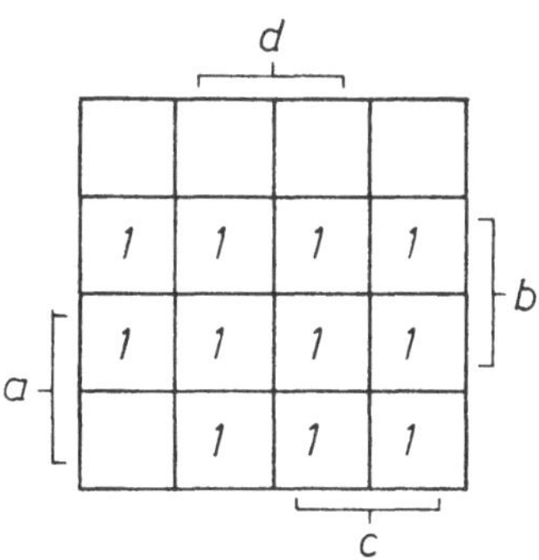

Die vereinfachte Funktion lautet:

$$y = b \vee (a \wedge d) \vee (a \wedge c)$$

Der Schaltplan der vereinfachten Funktion ist:

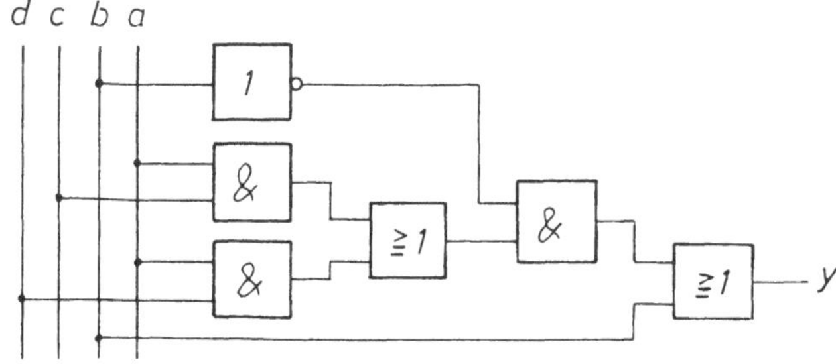

Lösung der Aufgabe 2.6

Die Zuordnungstabelle lautet:

c	b	a	L7	L6	L5	L4	L3	L2	L1
0	0	0	0	0	0	0	0	0	0
0	0	1	0	0	0	1	0	0	0
0	1	0	0	0	1	0	1	0	0
0	1	1	0	0	1	1	1	0	0
1	0	0	1	0	1	0	1	0	1
1	0	1	1	0	1	1	1	0	1
1	1	0	1	1	1	0	1	1	1
1	1	1	1	1	1	1	1	1	1

Die Schaltgleichungen für die Lampen sind:

$L1 = (\bar{a} \wedge \bar{b} \wedge c) \vee (a \wedge \bar{b} \wedge c) \vee (\bar{a} \wedge b \wedge c) \vee (a \wedge b \wedge c)$

$L2 = (\bar{a} \wedge b \wedge c) \vee (a \wedge b \wedge c)$

$L3 = (\bar{a} \wedge b \wedge \bar{c}) \vee (a \wedge b \wedge \bar{c}) \vee (\bar{a} \wedge \bar{b} \wedge c) \vee (a \wedge \bar{b} \wedge c) \vee (\bar{a} \wedge b \wedge c) \vee (a \wedge b \wedge c)$

$L4 = (a \wedge \bar{b} \wedge \bar{c}) \vee (a \wedge b \wedge \bar{c}) \vee (a \wedge \bar{b} \wedge c) \vee (a \wedge b \wedge c)$

$L5 = (\bar{a} \wedge b \wedge \bar{c}) \vee (a \wedge b \wedge \bar{c}) \vee (\bar{a} \wedge \bar{b} \wedge c) \vee (a \wedge \bar{b} \wedge c) \vee (\bar{a} \wedge b \wedge c) \vee (a \wedge b \wedge c)$

$L6 = (\bar{a} \wedge b \wedge c) \vee (a \wedge b \wedge c)$

$L7 = (\bar{a} \wedge \bar{b} \wedge c) \vee (a \wedge \bar{b} \wedge c) \vee (\bar{a} \wedge b \wedge c) \vee (a \wedge b \wedge c)$

Die Karnaugh-Diagramme für die Lampen ergeben sich zu:

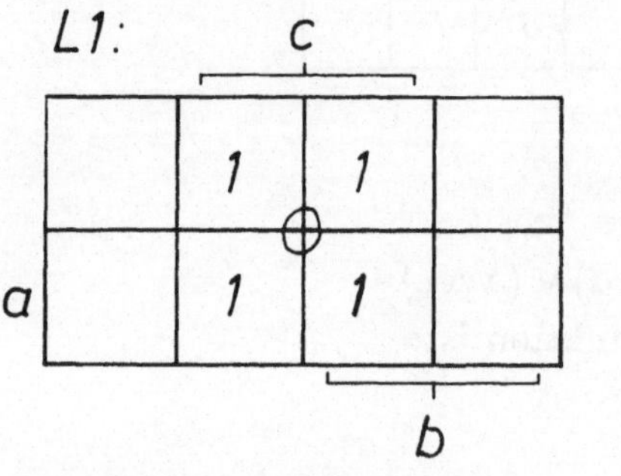

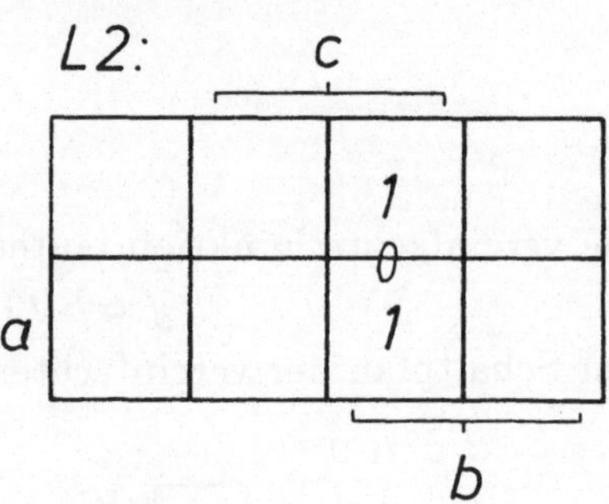

Vereinfachung für L1:

$L1 = c$

Vereinfachung für L2:

$L2 = b \wedge c$

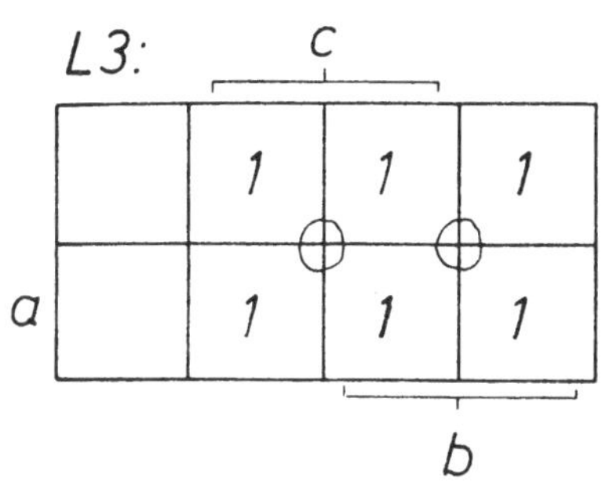

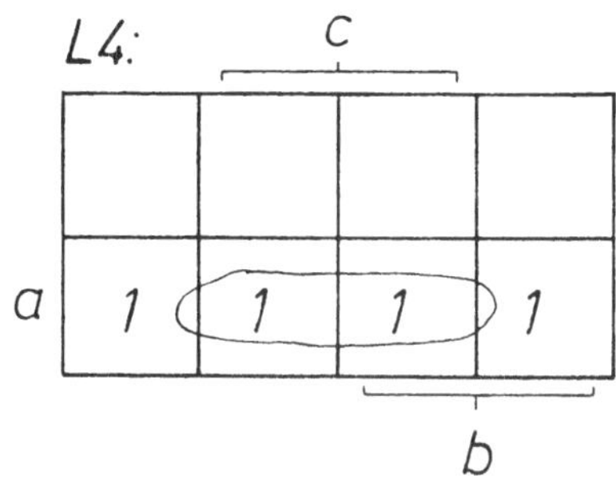

Vereinfachung für L3:
$L3 = b \vee c$

Vereinfachung für L4:
$L4 = a$

<u>L5:</u>

$L5 = L3 = b \vee c$

<u>L6:</u>

$L6 = L2 = b \wedge c$

<u>L7:</u>

$L7 = L1 = c$

Vereinfachte Schaltung:

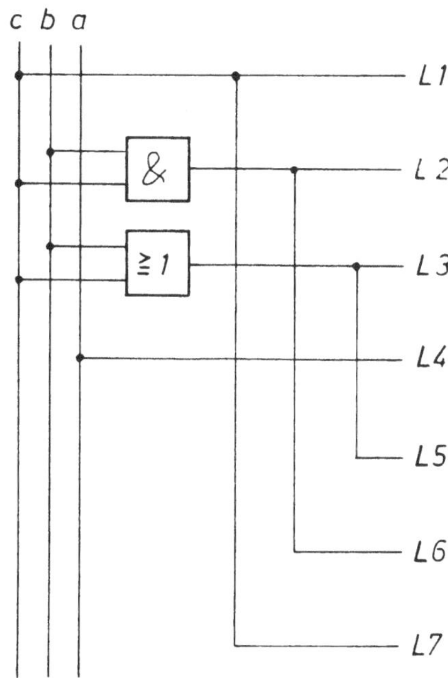

Lösung der Aufgabe 5.1

Wahrheitstabelle für den Zähler:

D	C	B	A	L5	L7	L10	L14	H
0	0	0	0	0	0	0	0	0
0	0	0	1	0	0	0	0	0
0	0	1	0	0	0	0	0	0
0	0	1	1	0	0	0	0	0
0	1	0	0	0	0	0	0	0
0	1	0	1	1	0	0	0	1
0	1	1	0	0	0	0	0	0
0	1	1	1	0	1	0	0	1

D	C	B	A	L5	L7	L10	L14	H
1	0	0	0	0	0	0	0	0
1	0	0	1	0	0	0	0	0
1	0	1	0	0	0	1	0	1
1	0	1	1	0	0	0	0	0
1	1	0	0	0	0	0	0	0
1	1	0	1	0	0	0	0	0
1	1	1	0	0	0	0	1	1
1	1	1	1	0	0	0	0	0

Schaltgleichungen des Dekoders:

$$L5 = A \wedge \overline{B} \wedge C \wedge \overline{D} \qquad L7 = A \wedge B \wedge C \wedge \overline{D}$$

$$L10 = \overline{A} \wedge B \wedge \overline{C} \wedge D \qquad L14 = \overline{A} \wedge B \wedge C \wedge D$$

Schaltung der Lampen:

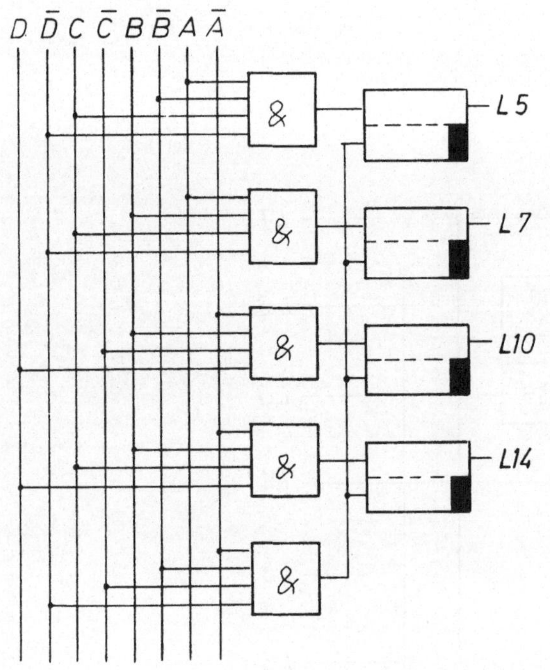

Wenn alle Bits "0" sind, werden die Flipflops zurückgesetzt:
Reset:
$R = (\overline{A} \wedge \overline{B} \wedge \overline{C} \wedge \overline{D})$

Schaltgleichung für die Hupe:

$H = (A \wedge \overline{B} \wedge C \wedge \overline{D}) \vee (A \wedge B \wedge C \wedge \overline{D}) \vee (\overline{A} \wedge B \wedge \overline{C} \wedge D) \vee (\overline{A} \wedge B \wedge C \wedge D)$

Vereinfachung:

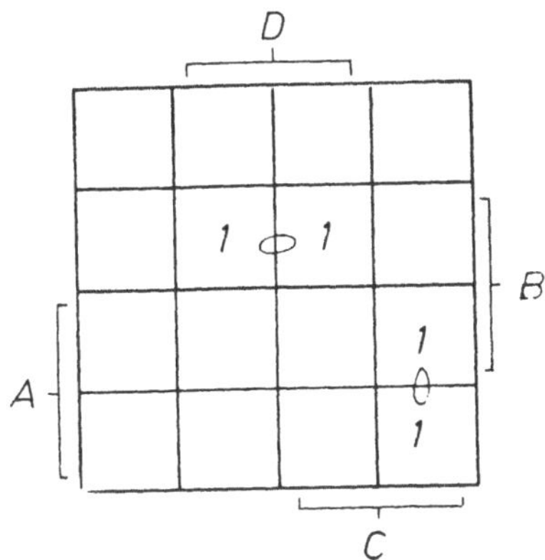

$H = (\overline{A} \wedge B \wedge D) \vee (A \wedge C \wedge \overline{D})$

Vereinfachte Schaltung für die Hupe:

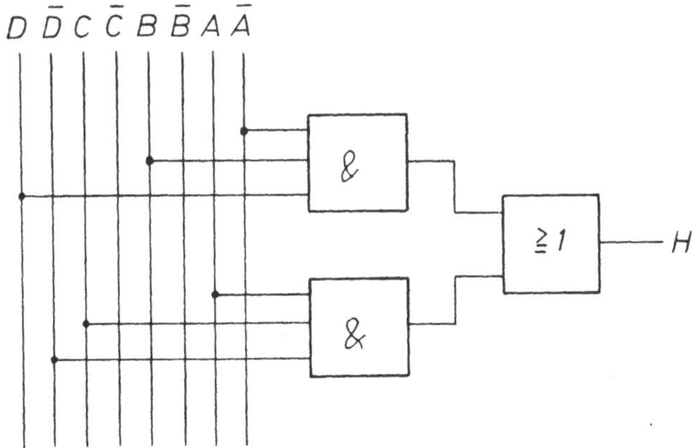

Lösung der Aufgabe 5.2

Zunächst werden die Wahrheitstabellen des Eingangs- und des Ausgangssignals nebeneinander geschrieben.

Eingangssignal Gray-Code			Ausgangssignal Dualcode		
c	b	a	z	y	x
0	0	0	0	0	0
0	0	1	0	0	1
0	1	1	0	1	0
0	1	0	0	1	1
1	1	0	1	0	0
1	1	1	1	0	1
1	0	1	1	1	0
1	0	0	1	1	1

Aus der Wahrheitstabelle lassen sich folgende Abhängigkeiten herauslesen:

$$x = (a \wedge \bar{b} \wedge \bar{c}) \vee (\bar{a} \wedge b \wedge \bar{c}) \vee (a \wedge b \wedge c) \vee (\bar{a} \wedge \bar{b} \wedge c)$$

$$y = (a \wedge b \wedge \bar{c}) \vee (\bar{a} \wedge b \wedge \bar{c}) \vee (a \wedge \bar{b} \wedge c) \vee (\bar{a} \wedge \bar{b} \wedge c)$$

$$z = (\bar{a} \wedge b \wedge c) \vee (a \wedge b \wedge c) \vee (a \wedge \bar{b} \wedge c) \vee (\bar{a} \wedge \bar{b} \wedge c)$$

Für die Variable x läßt sich das folgende Karnaugh-Diagramm aufstellen:

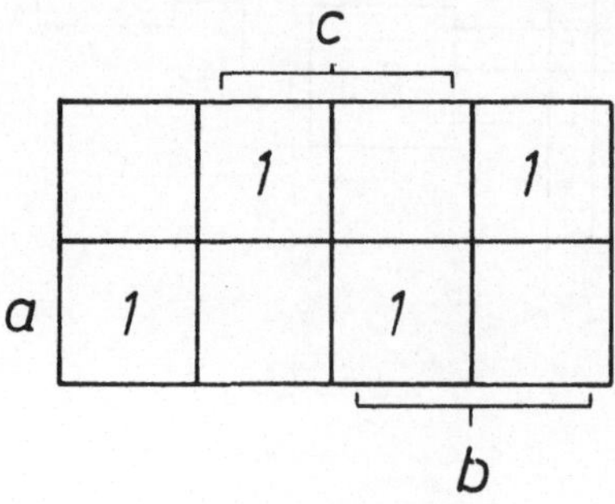

Es ist keine Vereinfachung der Gleichung für x möglich.

Für die Variablen y und z bekommt man folgende Karnaugh Diagramme:

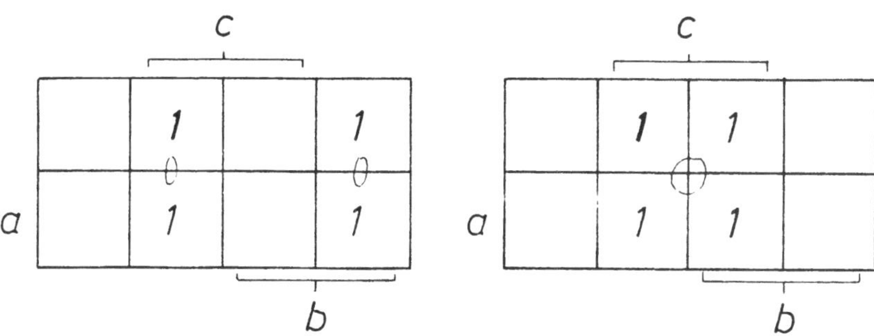

Für y erhält man die vereinfachte Gleichung:

$$y = (\bar{b} \wedge c) \vee (b \wedge \bar{c})$$

Dies ist die Beziehung für eine Äquivalenz.

Für z können alle vier Felder zusammengefaßt werden.

Man erhält: $z = c$

Eine Kontrolle mit der Wahrheitstabelle zeigt, daß die Ergebnisse richtig sind.

Die symbolische Schaltung des Umsetzers ergibt sich damit zu:

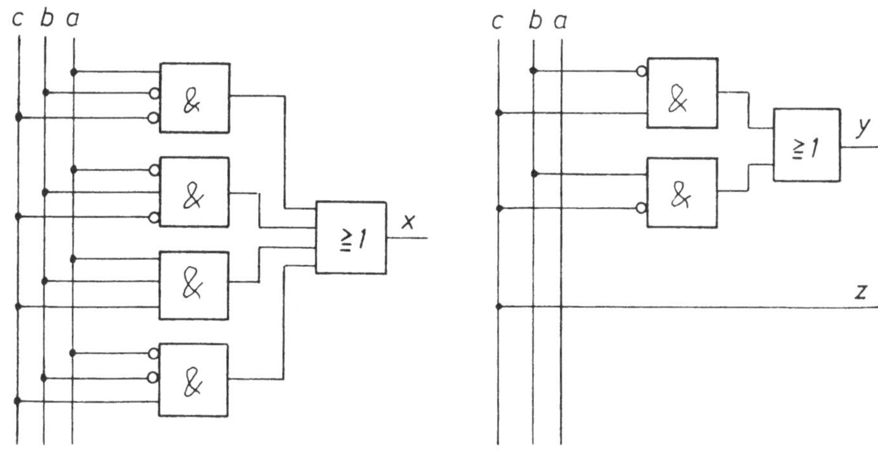

Lösung der Aufgabe 5.3

Es wird ein nachtriggerbares monostabiles Kippglied eingesetzt, das als Ausschaltverzögerung arbeitet.

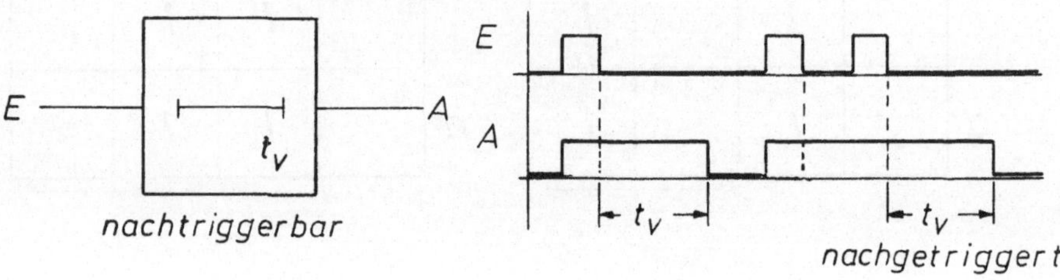

Solange die Lichtschranke eine Impulsfolge abgibt, deren Periode kleiner als die Ausschaltverzögerungszeit des Monoflops ist, wird das Monoflop rechtzeitig nachgetriggert. Das Ausgangssignal kehrt dann nicht wieder in den "0"-Zustand zurück sondern bleibt kontinuierlich auf "1".
Sobald eine Flasche fehlt, bleibt das Lichtschrankensignal länger auf "0" als es der Verzögerungszeit entspricht. Dadurch wird das Monoflop nicht nachgetriggert. Der Ausgang geht auf "0" und sperrt den Füllvorgang. Obwohl die Füllung vorbereitet ist, kann sie nicht stattfinden, bevor die nächste leere Flasche den Sensor passiert hat.

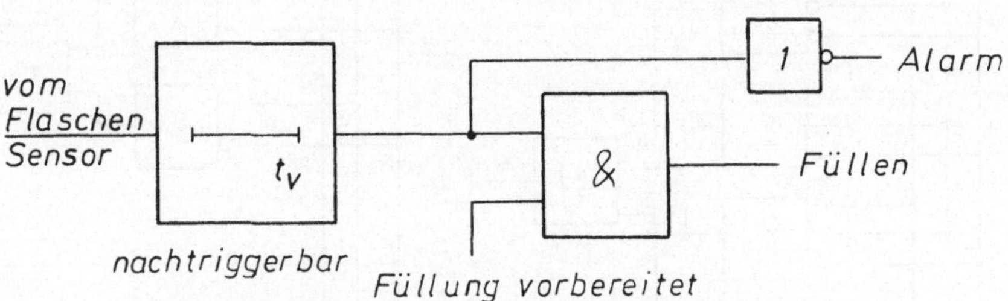

Lösung Aufgabe 5.4

Die Einschaltverzögerung von 0,8 s verhindert, daß ein Totmann-Signal wirksam wird, das länger als 0,8 s anliegt.
Nach 0,8 s wird das nachfolgende UND-Glied gesperrt.
Wenn "NOT Aus" betätigt wird, ist das Füllen nicht mehr möglich.
Not Aus kann nur durch die Entriegelung aufgehoben werden.

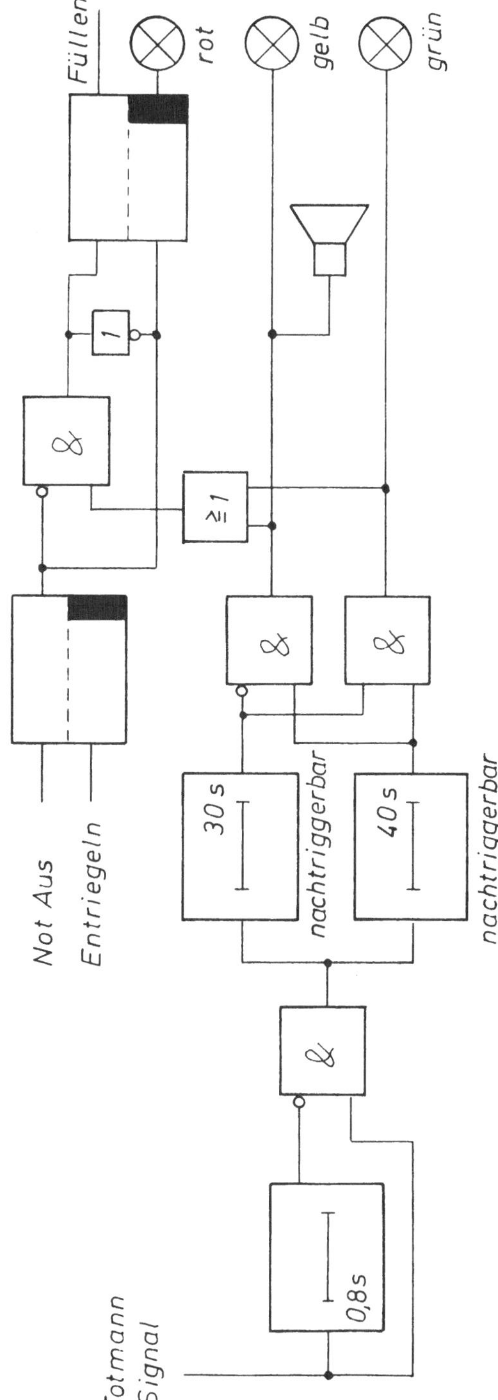

Lösung der Aufgabe 6.1

Die Darstellung des Spannungswertes als ganze Zahl im BCD-Code ergibt:

$97643 = (1001\ 0111\ 0110\ 0100\ 0011)_{BCD}$

Je vier Bit bilden eine Tetrade. Die Tetraden haben die Stellenwertigkeiten $10^0, 10^1, 10^2, 10^3$ usw..

Man erhält den Zahlenwert in hexadezimaler Form, indem zunächst der Dezimalwert in eine Dualzahl umgewandelt wird und dann jeweils vier Bit der Dualzahl zu einer Hexadezimalziffer zusammengefaßt werden. Die Stellenwertigkeiten betragen dann $16^0, 16^1, 16^2, 16^3$ usw..

97643 : 2 = 48821	Rest 1
48821 : 2 = 24410	Rest 1
24410 : 2 = 12205	Rest 0
12205 : 2 = 6102	Rest 1
6102 : 2 = 3051	Rest 0
3051 : 2 = 1525	Rest 1
1525 : 2 = 762	Rest 1
762 : 2 = 381	Rest 0
381 : 2 = 190	Rest 1
190 : 2 = 95	Rest 0
95 : 2 = 47	Rest 1
47 : 2 = 23	Rest 1
23 : 2 = 11	Rest 1
11 : 2 = 5	Rest 1
5 : 2 = 2	Rest 1
2 : 2 = 1	Rest 0
1 : 2 = 0	Rest 1

Die Dualzahl lautet: 10111110101101011					
in Vierergruppen geordnet:	1	0111	1101	0110	1011
daraus ergeben sich die Hexziffern:	1	7	D	6	B

Lösung der Aufgabe 6.2

Die Schaltung mit Halbaddierer und Volladdierern ist:

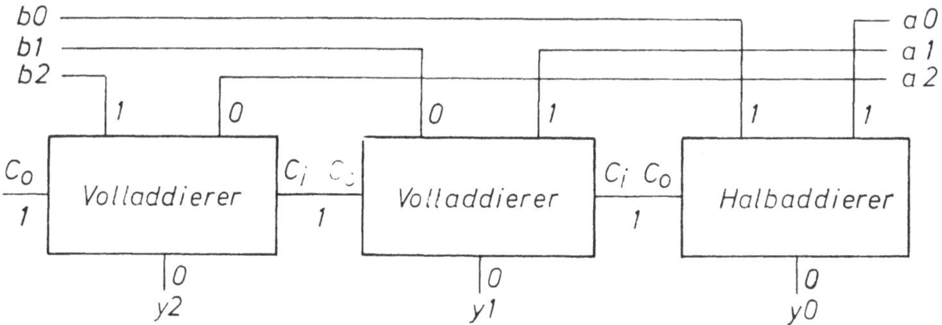

Addition zweier dreistelliger Dualzahlen

Probe:

	dual:	dezimal:
$a_2\ a_1\ a_0$	011	3
$+\quad b_2\ b_1\ b_0$	+ 101	+ 5
$C_y\ \ y_2\ y_1\ y_0$	1 000	8

Lösung der Aufgabe 7.1

Weg-Schritt-Diagramm:

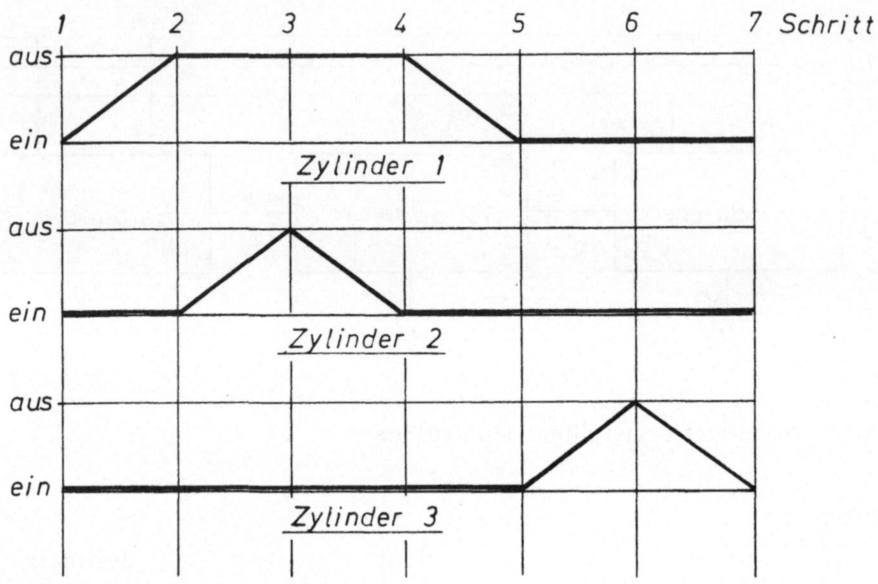

Es sind 6 Speicher erforderlich.

Funktionstabelle:

Position	Signalgeber						Speicher					
d. Zyl.	S1	S2	S3	S4	S5	S6	Sp1	Sp2	Sp3	Sp4	Sp5	Sp6
1 aus	1	0	1	0	1	0	1	0	0	0	0	0
2 aus	0	1	1	0	1	0	0	1	0	0	0	0
2 ein	0	1	0	1	1	0	0	0	1	0	0	0
1 ein	0	1	1	0	1	0	0	0	0	1	0	0
3 aus	1	0	1	0	1	0	0	0	0	0	1	0
3 ein	1	0	1	0	0	1	0	0	0	0	0	1

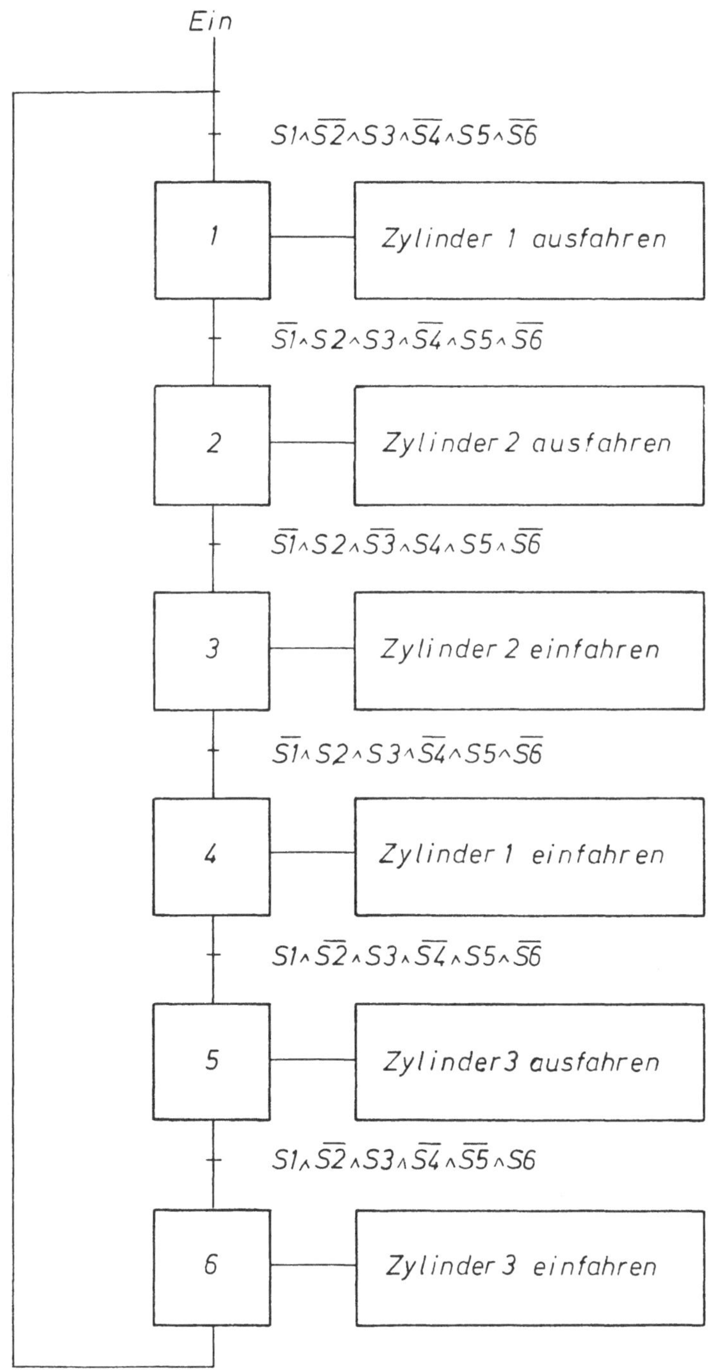

Funktionsplan

Lösung der Aufgabe 10.1

1) Skizze der Verdrahtung am Rechner:

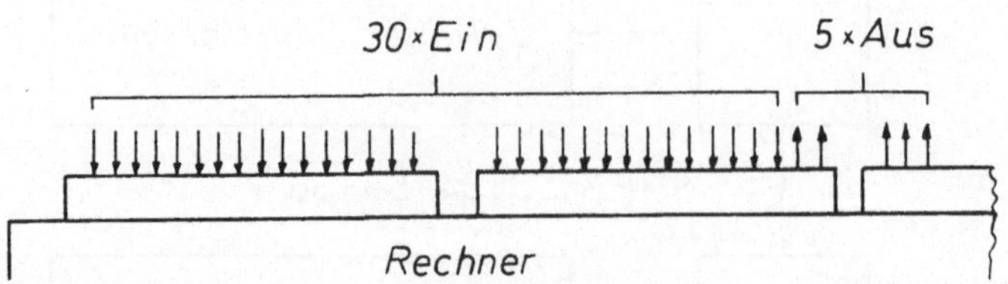

Der Rechner benötigt 30 Eingangsbits und 5 Ausgangsbits. Die Aufgabe läßt sich mit einer parallelen Schnittstelle lösen, die über zwei 16-Bit-Ports für die Eingänge verfügt und mindestens 5 Bits auf Ausgang schalten kann.

2) Skizze des Bussystems:

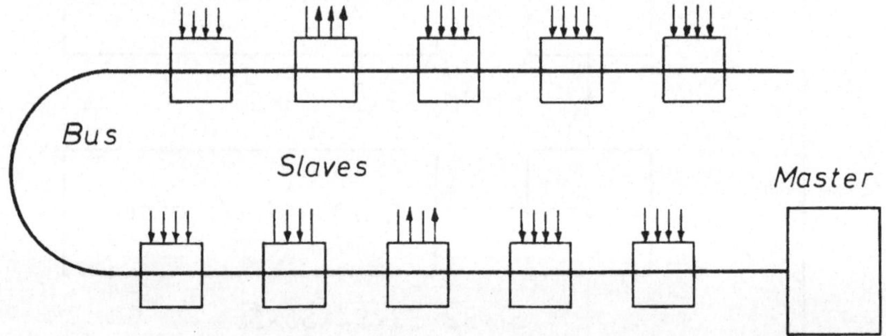

Es sollen 8 Slaves mit je vier binären Eingängen und zwei Slaves mit je vier binären Ausgängen vorgeseshen werden. Damit bleibt Platz für Erweiterungen, der Aufbau der Buselemente ist für alle Stationen gleich. Da die Daten nur zwischen dem Rechner und den Sensoren/Aktoren ausgetauscht werden, empfiehlt sich ein einfaches Master/Slave Verfahren. Erforderlich ist ein Master Telegramm, das die Slaveadressen enthält, die Eingangsslaves zum Senden der Daten auffordert und den Ausgangsslaves die Ausgangsdaten übermittelt. Je Adresse sind nur vier Datenbits erforderlich. Außerdem werden nur wenige Bits zur Kennzeichnung von Start und Ende und zur Paritätsprüfung benötigt. Das Slave Telegramm benötigt 4 Bits für die Daten und drei Bits für Start und Ende und Paritätsprüfung, vgl. ASI-Bus, S. 132 .

```
{Programm zur Simulation logischer Funktionen mit drei Variablen}
program LOG_PAS ;
     uses  dos, crt, graph ;

     var   fehlercode : integer ;
           taste, switch : char ;
           a, b, c, y : boolean ;
           xM, yM, Farbe : integer;

     procedure gr_init ;
     const
           sucheBGI = 'C:\TP\BGI' ;
     var
           grafik_treiber, grafik_mode    :  integer ;
     begin
           grafik_treiber := detect ;
           InitGraph (grafik_treiber, grafik_mode, sucheBGI) ;
           fehlercode := GraphResult ;
     end;


     procedure Lampe (xM, yM, Farbe : integer) ;
     begin
       setfillstyle (1, Farbe) ;
       fillellipse (xM, yM, 12, 12) ;
     end;

     begin
       clrscr ;
       gr_init ;
       if fehlercode <> 0   then halt(1) ;
       taste :=  '@' ;
       settextstyle (3,0,1) ;
       outtextxy ( 30, 00, 'Eingabe:  <1> = UND   <2> = ODER   <3>
= binäre Funktion') ;
       repeat
       switch := readkey ;
       until (switch = '1') or (switch = '2')  or (switch = '3') ;

       outtextxy ( 80, 25, 'Taste [a] :    a = "1" ') ;
       outtextxy (350, 25, 'Taste [A] :    a = "0" ') ;
       outtextxy ( 80, 55, 'Taste [b] :    b = "1" ') ;
       outtextxy (350, 55, 'Taste [B] :    b = "0" ') ;
       outtextxy ( 80, 80, 'Taste [c] :    c = "1" ') ;
       outtextxy (350, 80, 'Taste [C] :    c = "0" ') ;
       outtextxy (220,120, '[Esc] :   "Neuer Versuch" ') ;

       moveto (222, 215) ;
       lineto (250, 215) ; lineto (250, 240) ; lineto (270, 240) ;
       moveto (222, 265) ; lineto (270, 265) ;
       moveto (222, 315) ;
       lineto (250, 315) ; lineto (250, 290) ; lineto (270, 290) ;
       rectangle (270, 220, 360, 310) ;
       moveto (360, 265) ; lineto (402, 265) ;

       settextstyle (1,0,3) ;
       outtextxy (175, 198, 'a') ; outtextxy (175, 248, 'b') ;
       outtextxy (175, 298, 'c') ; outtextxy (450, 248, 'y') ;
```

```
settextstyle (1,0,5) ;
if switch = '1' then outtextxy (305, 240, '&') ;
if switch = '2' then outtextxy (280, 240, '>=1') ;
if switch = '3' then
begin
settextstyle (1,0,1) ;
outtextxy (274, 240, 'Binäre') ;
outtextxy (274, 260, 'Funktion') ;
end ;

a := false ; b := false ; c := false ;
xM := 210 ; yM := 215 ; Farbe:= 0 ; Lampe (xM, yM, Farbe) ;
yM := 265 ; Lampe (xM, yM, Farbe) ;
yM := 315 ; Lampe (xM, yM, Farbe) ;
xM := 410 ; yM := 265 ; Lampe (xM, yM, Farbe) ;

repeat
xM := 210 ; yM := 215 ;
if taste = 'a' then
   begin
     a := true ;
     Farbe:= 12 ; Lampe (xM, yM, Farbe);
   end ;
if taste = 'A' then
   begin
     a := false ;
     Farbe := 0 ; Lampe (xM, yM, Farbe);
   end ;

yM := 265 ;
if taste = 'b' then
   begin
     b := true ;
     Farbe := 12 ; Lampe (xM, yM, Farbe) ;
   end ;
 if taste = 'B' then
   begin
     b := false ;
     Farbe := 0 ; Lampe (xM, yM, Farbe) ;
   end ;

yM := 315 ;
if taste = 'c' then
   begin
     c := true ;
     Farbe := 12 ; Lampe (xM, yM, Farbe) ;
   end ;
if taste = 'C' then
   begin
     c := false ;
     Farbe := 0 ; Lampe (xM, yM, Farbe) ;
   end ;

xM := 410 ; yM := 265 ;
if switch = '1' then y := a and b and c ;
if switch = '2' then y := a or b or c ;
if switch = '3' then  y := ((not a) and (not b) and c)
or (a and (not b) and c) or ((not a) and b and c)
or (a and b and c) ;
```

```
  if y = true then
     begin
       Farbe := 14 ; Lampe (xM, yM, Farbe)
     end
     else
     begin
       y := false ;
       Farbe := 0 ; Lampe (xM, yM, Farbe) ;
     end ;
  taste := readkey ;
  until taste = char (27) ;
closegraph ;
end .
```

```
{PASCAL-Programm zur Überprüfung der Bitweisen-Operationen}

program BIT_PAS ;

uses  dos, crt, graph ;

var   taste : char ;
      Quelle, Maske : integer;
      Ergebnis_AND, Ergebnis_OR, Ergebnis_XOR : integer ;

begin
  taste :='@';
  repeat;
  clrscr;
  writeln; writeln; writeln;
  writeln ('  - Programm zur Überprüfung der Bitweisen
Operationen -');
  writeln;
  writeln ('  Geben Sie dreistellige positive Zahlenwerte
zwischen');
  writeln ('       0 und 255 für die Quelle und die Maske
ein');
  writeln;
  write ('                   Quelle =  '); read(Quelle);
  write ('                   Maske  =  '); read(Maske);
  if (abs(Quelle) > 255) or (abs(Maske) > 255)
  then begin
    writeln;
    writeln ('    Es sind nur Werte zwischen 0 und 255
erlaubt');
    writeln ('               -- weiter mit Leertaste --')
  end
  else begin
    writeln; writeln;
    writeln ('  Quelle:               ',Quelle:3,'       ',
         Quelle:3,'         ',Quelle:3);
    writeln ('  Maske:            AND ',Maske:3, '    OR ',
         Maske:3,'   XOR ',Maske:3);
    Ergebnis_AND := Quelle and Maske;
    Ergebnis_OR  := Quelle or Maske;
    Ergebnis_XOR := Quelle xor Maske;
    writeln ('  Ergebnis:             ',Ergebnis_AND:3,
         '        ',Ergebnis_OR:3,'
',Ergebnis_XOR:3);
    writeln; writeln;
    writeln ('   --  weiter mit Leertaste,  Ende mit <Esc>  -
-');
  end;
  taste := readkey;
  until taste = char(27) ;
end .
```

```
/* C-Programm zum Testen einer logischen Funktion */

#include <stdio.h>
#include <conio.h>
#include <graphics.h>
#include <stdlib.h>

int l_an(int x, int y, int r, int farbe);
int l_aus(int x, int y, int r, int farbe);

/* Hauptprogramm */
main()
{
  int graphdriver;
  int graphmode;
  char pathtodriver ;
  char zeichen;
  int a, b, c, y;

  /* Initialisierung der Grafik */
  void reportstatus(void);
  graphdriver = DETECT;
  detectgraph ;
  initgraph (&graphdriver, &graphmode, "c:\borlandc\bgi");

  /* Zeichnen der Lampen und des Funktionsblocks */
  circle (210, 215, 12);
  circle (210, 265, 12);
  circle (210, 315, 12);
  circle (410, 265, 12);

  moveto(222, 215);
  lineto(250, 215); lineto(250, 240); lineto(270, 240);
  moveto(222, 265); lineto(270, 265);
  moveto(222, 315);
  lineto(250, 315); lineto(250, 290); lineto(270,290);
  rectangle(270, 220, 360, 310);
  moveto(360, 265); lineto(398, 265);

  gotoxy (23, 14); printf ("a");
  gotoxy (23, 17); printf ("b");
  gotoxy (23, 20); printf ("c");
  gotoxy (56, 17); printf ("y");

  gotoxy (36, 16); printf ("logische");
  gotoxy (36, 18); printf ("Funktion");

  /* Erläuternder Text */
  gotoxy (12,6);
  printf ("Aktivieren Sie die logischen Variablen  a, b und c !");
  gotoxy (14,9);
  printf ("Setzen  von  a b c  durch die Tasten  <a> <b> <c>");
  gotoxy (14,10);
  printf ("Löschen von  a b c  durch die Tasten  <A> <B> <C>");

  gotoxy (14,25);
  printf ("Das Ergebnis  y = f(a, b, c)  folgt mit  <w>");
```

```
/* Zuordnung der Werte */
a = 0; b = 0; c = 0;
do {
zeichen = getch();
switch(zeichen)
{
case ('a'):
{l_an(210, 215, 12, 12); a = 1;} break;
case ('A'):
{l_aus(210, 215, 12, 0); a = 0;} break;
case ('b'):
{l_an(210, 265, 12, 12); b = 1;} break;
case ('B'):
{l_aus(210, 265, 12, 0); b = 0;} break;
case ('c'):
{l_an(210, 315, 12, 12); c = 1;} break;
case ('C'):
{l_aus(210, 315, 12, 0); c = 0;} break;
}
}
while (zeichen != 'w');

/* Berechnung der Logischen Funktion
=============================================================== */
y = (!a && !b && c) || (a && !b && c) || (!a && b && c)
     || (a && b && c);
/*================================================================ */

/* Lampe für y */
if (y == 1)
{l_an(410, 265, 12, 14); y = 1;};
if (y == 0)
{l_aus(410, 265, 12, 0); y = 0;};

gotoxy (14, 25);
printf ("    Neuer Versuch oder Programmende über [Esc]");
do
{ zeichen = getch();
}
while (zeichen != char(27));

/* Ende, wenn [Esc] gedrückt wird */
closegraph();
return 0;
}

/* Unterprogramme zur Aktivierung der Lampen */
/* Lampe Ein */
int l_an(int x, int y, int r, int farbe)
{ circle (x, y, r);
  setfillstyle(1, farbe);
  fillellipse(x, y, r, r);  }

/* Lampe Aus */
int l_aus(int x, int y, int r, int farbe)
{ circle (x, y, r);
  setfillstyle(1, farbe);
  fillellipse(x, y, r, r);  }
```

```
/* C-Programm zum Testen einer bitweisen Operation */

#include <stdio.h>
#include <conio.h>
#include <graphics.h>
#include <stdlib.h>

int l_an(int x, int y, int r, int farbe);
int l_aus(int x, int y, int r, int farbe);

/* Hauptprogramm */
main()
{
  int graphdriver;
  int graphmode;
  char pathtodriver ;
  char zeichen;
  int Q0, Q1, Q2, Q3, Q4, Q5, Q6, Q7, Quelle;
  int M0, M1, M2, M3, M4, M5, M6, M7, Maske;
  int Ziel;
  int Z0, Z1, Z2, Z3, Z4, Z5, Z6, Z7;

  /* Initialisierung der Grafik */
  void reportstatus(void);
  graphdriver = DETECT;
  detectgraph ;
  initgraph (&graphdriver, &graphmode, "c:\borlandc\bgi");

  /* Zeichnen der Lampen */
  circle (200, 250, 9);
  circle (225, 250, 9);
  circle (250, 250, 9);
  circle (275, 250, 9);
  circle (300, 250, 9);
  circle (325, 250, 9);
  circle (350, 250, 9);
  circle (375, 250, 9);

  circle (200, 300, 9); circle (225, 300, 9);
  circle (250, 300, 9); circle (275, 300, 9);
  circle (300, 300, 9); circle (325, 300, 9);
  circle (350, 300, 9); circle (375, 300, 9);

  circle (200, 350, 9); circle (225, 350, 9);
  circle (250, 350, 9); circle (275, 350, 9);
  circle (300, 350, 9); circle (325, 350, 9);
  circle (350, 350, 9); circle (375, 350, 9);

  /* Erläuternder Text */
  gotoxy (16, 16); printf ("Quelle:");
  gotoxy (31, 18); printf ("Exklusiv ODER");
  gotoxy (16, 19); printf ("Maske:");
  gotoxy (16, 22); printf ("Ziel:");

  gotoxy (14,1);
  printf ("Aktivieren Sie die Bits der Quelle und der Maske !");
  gotoxy (14,3);
  printf ("Set Quellbits     Q7, Q6, Q5, Q4, Q3, Q2, Q1, Q0 ");
  gotoxy (14, 4);
```

```
printf ("durch die Tasten  <a> <s> <d> <f> <g> <h> <j> <k>");

gotoxy (14,6);
printf ("Reset Quellbits   Q7, Q6, Q5, Q4, Q3, Q2, Q1, Q0 ");
gotoxy (14, 7);
printf ("durch die Tasten  <A> <S> <D> <F> <G> <H> <J> <K>");

gotoxy (14, 9);
printf ("Set Maskenbits    M7, M6, M5, M4, M3, M2, M1, M0 ");
gotoxy (14, 10);
printf ("durch die Tasten  <y> <x> <c> <v> <b> <n> <m> <,>");

gotoxy (14, 12);
printf ("Reset Maskenbits  M7, M6, M5, M4, M3, M2, M1, M0 ");
gotoxy (14, 13);
printf ("durch die Tasten <Y> <X> <C> <V> <B> <<N> <M> <;>");

gotoxy (5,21);
printf ("                  -------------------------  ");
gotoxy (5,25);
printf ("Das Ergebnis  Ziel = Bitweise Verknüpfung von Quelle
mit Maske  folgt mit  <w>");

Quelle = 0; Maske = 0;

/* Zuordnung der Werte */
do {
zeichen = getch();
switch(zeichen)
{
case ('a'):
{l_an(200, 250, 9, 12);  Quelle = Quelle | 128;} break;
case ('A'):
{l_aus(200, 250, 9,  0); Quelle = Quelle & 127;} break;
case ('s'):
{l_an(225, 250, 9, 12);  Quelle = Quelle |  64;} break;
case ('S'):
{l_aus(225, 250, 9,  0); Quelle = Quelle & 191;} break;
case ('d'):
{l_an(250, 250, 9, 12);  Quelle = Quelle |  32;} break;
case ('D'):
{l_aus(250, 250, 9, 0); Quelle = Quelle & 223;} break;
case ('f'):
{l_an(275, 250, 9, 12);  Quelle = Quelle |  16;} break;
case ('F'):
{l_aus(275, 250, 9, 0); Quelle = Quelle & 239;} break;
case ('g'):
{l_an(300, 250, 9, 12);  Quelle = Quelle |   8;} break;
case ('G'):
{l_aus(300, 250, 9, 0); Quelle = Quelle & 247;} break;
case ('h'):
{l_an(325, 250, 9, 12);  Quelle = Quelle |   4;} break;
case ('H'):
{l_aus(325, 250, 9,  0); Quelle = Quelle & 251;} break;
case ('j'):
{l_an(350, 250, 9, 12);  Quelle = Quelle |   2;} break;
case ('J'):
{l_aus(350, 250, 9,  0); Quelle = Quelle & 253;} break;
case ('k'):
```

```
{l_an(375, 250, 9, 12);  Quelle = Quelle |   1;} break;
case ('K'):
{l_aus(375, 250, 9,  0); Quelle = Quelle & 254;} break;

case ('y'):
{l_an(200, 300, 9, 10);  Maske = Maske | 128;} break;
case ('Y'):
{l_aus(200, 300, 9,  0); Maske = Maske & 127;} break;
case ('x'):
{l_an(225, 300, 9, 10);  Maske = Maske |  64;} break;
case ('X'):
{l_aus(225, 300, 9,  0); Maske = Maske & 191;} break;
case ('c'):
{l_an(250, 300, 9, 10);  Maske = Maske |  32;} break;
case ('C'):
{l_aus(250, 300, 9,  0); Maske = Maske & 223;} break;
case ('v'):
{l_an(275, 300, 9, 10);  Maske = Maske |  16;} break;
case ('V'):
{l_aus(275, 300, 9,  0); Maske = Maske & 239;} break;
case ('b'):
{l_an(300, 300, 9, 10);  Maske = Maske |   8;} break;
case ('B'):
{l_aus(300, 300, 9,  0); Maske = Maske & 247;} break;
case ('n'):
{l_an(325, 300, 9, 10);  Maske = Maske |   4;} break;
case ('N'):
{l_aus(325, 300, 9,  0); Maske = Maske & 251;} break;
case ('m'):
{l_an(350, 300, 9, 10);  Maske = Maske |   2;} break;
case ('M'):
{l_aus(350, 300, 9,  0); Maske = Maske & 253;} break;
case (','):
{l_an(375, 300, 9, 10);  Maske = Maske |   1;} break;
case (';'):
{l_aus(375, 300, 9,  0); Maske = Maske & 254;} break;


}
}
while (zeichen != 'w');

/* Berechnung der Logischen Funktion
===================================== */
Ziel = Quelle ^ Maske; /* Antivalenz
===================================== */

/* Darstellung der Bits von Ziel mit Lampen */
Z0 = Ziel & 1;
if (Z0 == 1) l_an(375, 350, 9, 14); else l_aus(375, 350, 9, 0);
Z1 = (Ziel & 2) >> 1;
if (Z1 == 1) l_an(350, 350, 9, 14); else l_aus(350, 350, 9, 0);
Z2 = (Ziel & 4) >> 2;
if (Z2 == 1) l_an(325, 350, 9, 14); else l_aus(325, 350, 9, 0);
Z3 = (Ziel & 8) >> 3;
if (Z3 == 1) l_an(300, 350, 9, 14); else l_aus(300, 350, 9, 0);
Z4 = (Ziel & 16) >> 4;
if (Z4 == 1) l_an(275, 350, 9, 14); else l_aus(275, 350, 9, 0);
Z5 = (Ziel & 32) >> 5;
```

```
  if (Z5 == 1) l_an(250, 350, 9, 14); else l_aus(250, 350, 9, 0);
  Z6 = (Ziel & 64) >> 6;
  if (Z6 == 1) l_an(225, 350, 9, 14); else l_aus(225, 350, 9, 0);
  Z7 = (Ziel & 128) >> 7;
  if (Z7 == 1) l_an(200, 350, 9, 14); else l_aus(200, 350, 9, 0);

  /* Erläuternder Text */
  gotoxy (5, 25);
  printf ("              - Neuer Versuch oder Programmende über [Esc]
-                      ");
  gotoxy (55, 16); printf ("%3d \n", Quelle);
  gotoxy (55, 19); printf ("%3d \n", Maske);
  gotoxy (55, 22); printf ("%3d \n", Ziel);

  do
  { zeichen = getch();
  }
  while (zeichen != char(27));

  /* Ende, wenn [Esc] gedrückt wird */
  closegraph();
  return 0;
}

  /* Unterprogramme zur Aktivierung der Lampen */
  /* Lampe Ein */
  int l_an(int x, int y, int r, int farbe)
  { circle (x, y, r);
    setfillstyle(1, farbe);
    fillellipse(x, y, r, r);  }


  /* Lampe Aus */
  int l_aus(int x, int y, int r, int farbe)
  { circle (x, y, r);
    setfillstyle(1, farbe);
    fillellipse(x, y, r, r);  }
```

Literaturverzeichnis

[1] B. Brouër: Regelungstechnik für Maschinenbauer.
B.G. Teubner Verlag, Stuttgart (1992)

[2] E. Leonhardt: Grundlagen der Digitaltechnik.
Carl Hanser Verlag, München (1976)

[3] K. H. Fasol: Binäre Steuerungstechnik
Springer Verlag, Berlin (1988)

[4] G. Kriechbaum: Pneumatische Steuerungen.
Vieweg Verlag, Braunschweig (1971)

[5] R. Haug: Pneumatische Steuerungstechnik.
Teubner Verlag, Stuttgart (1991)

[6] E. Kauffmann: Hydraulische Steuerungen
Vieweg Verlag, Braunschweig (1988)

[7] H. Linse: Elektrotechnik für Maschinenbauer.
B.G. Teubner Verlag, Stuttgart (1992)

[8] D. H. Traeger: Einführung in die Fuzzy-Logik.
B.G. Teubner Verlag, Stuttgart (1993)

[9] H. Bothe: Fuzzy Logic, Einführung in Theorie und Anwendungen.
Springer Verlag, Berlin, (1993)

[10] G. Wellenreuther, D. Zastrow: Speicherprogrammierte Steuerungen.
Vieweg Verlag, Braunschweig (1987)

[11] R.A. Zacks: 6502 Programmierung in Assembler.
Sybex Verlag (1982)

[12] W. Hilf, A. Nausch: M68000 Familie.
Teil 1 Grundlagen und Architektur.
te-wi Verlag, München (1984)

[13] W. Hilf, A. Nausch: M68000 Familie
Teil 2 Anwendungen und 68000-Bausteine.
te-wi Verlag, München (1984)

[14] R. Scholze: Einführung in die Mikrocomputertechnik
8-Bit- und 16-Bit-Systeme.
B.G. Teubner Verlag, Stuttgart (1993)

[15] TURBO Pascal 6.0, Programmier-Handbuch.
Borland GmbH, München (1991)

[16] B. Kernighan, D. Ritchie: Programmieren in C
übersetzt von A.T. Schreiner und E. Janich
C. Hanser Verlag, München (1990)

[17] Feldbusse
Sonderheft der Zeitschrift Elektronik
Franzis Verlag (1992)

Normblätter

DIN 19226	Regelungstechnik und Steuerungstechnik
	Teil 1 Allgemeine Grundbegriffe
	Teil 3 Begriffe zum Verhalten von Schaltsystemen
	Teil 4 Begriffe für Regelungs- und Steuerungssysteme
	Teil 5 Funktionelle Begriffe
DIN 19245	Teil 1 PROFIBUS, Process Field Bus
	Teil 3 PROFIBUS DP (Dezentrale Peripherie)
DIN 19258	INTERBUS-S
	Sensor-/Aktornetzwerk für industrielle Steuerungssysteme
	Teil 1 System-Architektur
	Teil 2 Physical Layer (Bitübertragungsschicht)
DIN 40719	Schaltungsunterlagen
	Teil 6 Regeln für Funktionspläne
DIN 40900	Graphische Symbole für Schaltungsunterlagen
	Teil 12 Binäre Elemente
DIN 66219	Verfahren zur Blockprüfung bei Datenübertragung im im Übermittlungsabschnitt
DIN 66259	Elektrische Eigenschaften der Schnittstellenleitungen
	Teil 1 Doppelstrom, unsymmetrisch bis zu 20 kBits/s
	Teil 4 Doppelstrom, symmetrisch für Mehrpunktverbindungen
DIN 66261	Sinnbilder für Struktogramme nach Nassi-Shneidermann
DIN 66348	Teil 2 Schnittstellen und Steuerungsverfahren für die serielle Meßdatenübermittlung, Start-Stop-Übertragung, 4-Draht-Meßbus
DIN EN 61131 - 3	Speicherprogrammierbare Steuerungen Teil 3 Programmiersprachen

Liste der Bezeichnungen und Formelzeichen

a, b, c, d	Eingangsgrößen der Steuereinrichtung
A	Ausgang eines binären Schaltelementes
C	Carrybit
D	Vorbereitungseingang des D Flipflops
E	Eingang eines binären Schaltelementes
J	Vorbereitungseingang des JK Flipflops
K	Vorbereitungseingang des JK Flipflops
M	Drehmoment
	Merker der SPS
μ	Zugehörigkeitsgrad
n	Drehzahl
Q	Ausgang des Speichergliedes
R	ohmscher Widerstand
	Reset Eingang des Speichergliedes
S	Set Eingang des Speichergliedes
t	Zeitvariable
T	Timereingang, Taktsignal
ϑ	Temperatur
u	Spannungssignal
w	Führungsgröße
x	Steuergröße
X	Eingang des SPS
y	Stellgröße
Y	Ausgang des SPS
x, y, z	Ausgänge der Steuereinrichtung

Index